中公文庫

海　軍　随　筆

獅子文六 著

中央公論新社

目次

海軍随筆

ＤＴＰ　平面惑星

土浦・霞ケ浦

三十年前

土浦へくるのは、三十年振りだった。数字を忘れッぽい私が、なぜハッキリしたことを記憶してるかというと、曾遊《そうゆう》の時に、土浦、潮来《いたこ》、鹿島を経《へ》て、香取神宮に詣《もう》で、その境内《けいだい》で、青島陥落《チンタオかんらく》の報を知ったのである。東京へ帰ったら、花電車が出ていた。それが、大正三年十一月であることは、年鑑を見たらすぐわかった。

その時、私は学校を休み、紺絣《こんがすり》の着物にマントを被《かぶ》り、二泊の旅などをしたのだから、少しも、善良な学生の所業ではなかった。しかし、水郷の詩情に憧《あこが》れることは、当時として、それほど下劣な趣味でもなかった。田山花袋《かたい》がこの付近の「自然描写」をし、小杉未醒が「永郷」という画を文展《ぶんてん》に出品し、水と蘆荻《ろてき》とポプラの郷土は、私達学生の限りなき詩情を呼んだ。そして、私達は、霞ケ浦の沈鐘《ちんしょう》伝説を知っていたし、潮来に遊ぶ江戸の文人墨客《ぶんじんぼっかく》のことも、読んでいた。

私は土浦から蒸気船に乗り、また潮来から猪牙舟《ちょきぶね》に乗って、霞ケ浦や、北利根《とね》や、十六島の水の上を、二日掛かりで遍歴した。その間に、私の憧憬《しょうけい》は、少しも裏切られなかった。絵ハガキになるような絶景は、ひとつもないが、到るところに親しみやすい、水と土の匂《にお》いの溢《あふ》れた風景が、展《ひろ》がっていた。枯蘆《かれあし》の外になにもない水辺に蒸気船がとまると、その枯蘆の中から、小舟が出てきて、たった一人の客を乗せて、また帰っていった。暮れてしまった湖面に、燈籠《とうろう》のような灯影《ほかげ》を映《うつ》す水駅の旗亭《きてい》もあった。また、湖水の水蒸気が、深い朝霧となって、掘割のポプラと、家鴨《あひる》の鳴き声を包んでる景色も見た。潮来十二橋の危《あやう》い橋々の下を、猪牙舟が潜《くぐ》り抜けて行けば、水に囲まれた農家の少年が、こちらへ向けて小便をした。

大船津から鹿島神宮へ行くのに勿論《もちろん》、バスなどはなかった。人力車へ乗った。その車夫が面白い男で、車を曳《ひ》きながら、鹿島の神の伝説を聞かしてくれた。あの見事な森林の背後に、高天ケ原《たかまがはら》という真ッ赤な砂原があるが、それが鹿島さまの退治した鬼の血の色であることも、また、茫洋《ぼうよう》たる鹿島灘《なだ》を望んだ時に、その対岸がアメリカであることも、彼によって教えられた。しかし、この土地に太古の戦争があったことは、恐らく事実だろうし、鹿島灘の対岸の国は、ほんとに肉眼で見えるほど、近い現実になってしまった。

そういえば、猪牙舟の船頭も、私に面白いことを語った。最後のコースの津ノ宮へ渡る時には、美しい秋の日が、トップリ暮れかけていたが、宵闇の中に櫂《かい》を操《あやつ》りながら、霞ケ浦のヌシのことを、話してくれた。ヌシは湖中で一番深い浮島のあたりに棲《す》んでるとのことだった。天気のいい風のない日には、ヌシの背中が湖面に現われるといっていた。正体は、鯉《こい》だか鯰《なまず》だか知れぬが、大きな黒い魚だといっていた。

「でッけえのなんのッて、鯨《くじら》ぐれえあるからな」

私が笑ったら、彼は眼を剝《む》いて怒った。彼自身が実見したというのである。

ヌシなどというものは水に栖むよりも、人の心の中に栖《す》むとしたら、この話が三十年前の証拠になるはずだ。

土浦の町

さて、今度、土浦駅へ降りてみると、湖水は昔のように、鈍《にぶ》い鉛色に光っていたが、街の様子は、ガラリと変っていた。

それは、道路に鋪装《ほそう》ができて、コンクリートの家が列《なら》んで、町が市になって――というような変化ばかりではなかった。日曜の午後のせいでもあったが、大通りのここかしこに、水兵や下士官の群れが愉《たの》しげに歩いているのである。まるで横須賀駅へまちがえて降りたかのように、海軍の色が、濃く流れているのである。これは、どうも滄桑《そうそう》の変《へん》だと、私は感慨を深くした。

三十年前に、どんな智慧者が頭を捻《ひね》っても、土浦と海軍の関係は考えられぬのである。霞ケ浦艦隊などというのは、どうも滑稽《こっけい》であった。海軍が、真菰《まこも》の中にアヤメが咲く水と、縁がある道理がなかった。

勿論、今日と雖《いえど》も、霞ケ浦艦隊は出現しない。しかし、海軍が空を翔《かけ》るという事実が、もう珍らしくもなんともなくなった。私が漫然と水郷旅行をしてる頃に、僅か十二機の下駄《げた》履《ば》き機と、十五名の搭乗員をもって、青島戦に参加した海軍飛行部隊が、三十年の間に、どえらいことになってしまった。海の荒鷲《あらわし》が、今度の戦争でどれだけの働きをしたか、今更いう必要はないが、あの輝かしい戦果に、霞ケ浦と土浦の各航空隊が、少くとも間接に、大きな関係をもつのである。

土浦という名からして、鄙《ひな》びた小都会が、飛行機のとりもつ縁で、一種の軍港になってしまった。海軍が空まで領域を拡げたので、滄桑の変ぐらい起きるのは当然かも知れないが、とにかく、三十年の歳月とは、相当のものである。

私は土浦市中を彩《いろど》る海軍色に、眼を瞠《みは》りながら、出迎えの人に導かれて、旅館に入った。

そこの玄関に、ズラリと列《なら》べられた履物《はきもの》のうちにも、特徴のある海軍靴が混《まじ》っていた。

「ずいぶん、土浦も変りましたね」

座敷で一休みしてから、私は出迎えの人――新聞の通信局の人と話した。その人の仕事も、このへんは大きな事件が少くて、航空隊関係の通信が、大部分らしかった。

やがて、夕飯の時刻になった。私は旅館の飯よりも、その人と一緒に、鰻《うなぎ》でも食べに行きたいと思った。川魚が土浦の名物であり、かつ、私が東京で鰻に餓《う》えてることは、いうまでもなかった。

「その鰻が、近頃サッパリありません」

私の食い意地は、見事に裏切られた。

「土浦でも、鰻がないですか」

「ええ、鯉も、ワカサギもです。一体、この土地は、物資のよく集まる所なんですが、土浦の少年飛行兵を、全国から父兄その他が訪ねてきて、帰りには、必ずなんか持って行きますからな」

私は諦《あきら》めて、旅館の飯を食おうと思った。そこへ、S中尉《ちゅうい》という意外な訪問者があった。

S中尉

「これは、ようこそ……」

私は、心から、この珍客を歓迎した。今夜この人に会おうとは、まったく予期しなかったからだ。

古参《こさん》の中尉らしく、日に焼けた襟章《えりしょう》と軍服の地と、ニコニコと隔意なく微笑《ほほえ》む顔を、私も隔意なく眺めた。

といって、私とS中尉とは、初対面なのである。手紙でこそ、度々、往来したが、その人の円い浅黒い顔を見るのは、今日が初めてなのである。にもかかわらず、私がこの人に特別な親しみを感じるのは、次ぎの理由があるからだった。

私はこの新年に、朝日新聞に、「海軍余話」というものを書いた。そのうちに、軍神横山、古野両少佐の英霊を護りつつ、門司に於《おい》て悲壮な白頭山節をうたった士官があったことを書いた。その士官が、S中尉なのである。

S中尉が、海軍の慣例に依《よ》って古野少佐の遺髪遺爪を、郷里まで護送したというのも、つまり同期生だからである。のみならず、S中尉は、両軍神を出した名誉ある兵学校六十七期会の幹事なのである。同期生の交《まじ》わりが、いかなるものであるかは、くどく述べる必要はないが、殊に幹事ともなれば、あの輝ける二級友の勲《いさお》が、わがことのように嬉《うれ》しいらしい。そのために、S中尉は、拙作「海軍」について、懇篤な手紙と期会雑誌「若桜」とを、おくられたのである。それが縁となって、私は土浦航空隊勤務のS中尉と数度、音信を交《か》わした。

ところが、今度、私は土浦、霞ケ浦両航空隊を、訪問することになった。私の期待のうちの一つは、S中尉に会うことだった。そしてS中尉にも、通知を出して置いたのだが、図《はか》らずも、訪問の前夜にS中尉の方から、足を運んでくれたのは嬉しかった。

「いま、隊でなにをやっておいでですか」

「分隊長です」

S中尉が、航空隊の教官を勤めていると聞いて、私はあの「ハワイ・マレー沖海戦」の映画のことなど、思い浮かべた。あの中の教官兼分隊長は、なかなか凛々《りり》しかった。そして、話があの映画のことになると、少年飛行兵になる俳優達に、隊内生活を仕込んだのは、どうやら、S中尉らしかった。

「来ると、すぐ、カッターを漕《こ》がしてみたのだから、乱暴でしたよ」

S中尉は、笑っていた。

私達は、夜更《ふ》くるまで、海軍航空のことや、少年飛行兵の話を語り合ったが、横山少佐のことは、あまり話さなかった。なぜといって、S中尉は翌日の夕に、私の訪問を機として、隊内の六十七期期会を開くといってくれてるからだった。

カス空とツチ空

「見ることは、午後の方が多いですから、ユックリ寝坊して、いらっしゃい」

と、前夜、S中尉にいわれたので、私は決して早起きをしなかった。その上、朝飯を食ってから、按摩《あんま》まで呼んだ。こと悠長に似たれども、決してそうではない。今までの経験によって、海軍の見学というものは、いかに疲れるかを、知っているのである。即ち、前以《もっ》て、肩の凝《こ》りを解《ほ》ぐして置くのである。

按摩に揉《も》んで貰いながら、私は予備知識の材料を読み、また、S中尉から聞いた話を、頭の中で綜合《そうごう》した。

私は白状するが、飛行機のことも、海軍航空のことも、何も知らないのである。この旅行の数日前まで、霞ケ浦航空隊と土浦航空隊とを、一緒にして考えていたくらいである。遠隔の人はそうでもないが、東京付近の者は地理を知ってるだけに、却《かえ》って、場所も任務も違う二つの航空隊を、混同し勝ちだと思われる。

予備知識の材料によって判断すると、この二隊は、海の荒鷲の道場である。実施部隊でない点に、変りはない。しかし、土浦練習航空隊が、お馴染みの少年飛行兵を育てるのに対し、霞ケ浦練習航空隊では、兵学校、機関学校卒業の飛行学生と、大学令による娑婆《しゃば》の大学の卒業生に、(委《くわ》しくは、学部、予科、高等学校高等科、専門学校の卒業者――つまり飛行科予備学生に)教育を与えるところに相違がある。場所からいっても、土浦練習航空隊は、「ハワイ・マレー沖海戦」の映画にもあるように、湖の見晴らしがいいが、霞ケ浦練習航空隊の方は、名詮自性《みょうせんじしょう》というわけにいかない。訪問した時に驚いたが、どっちを見たって、水の影もありはしなかった。

歴史からいっても、「霞ケ浦」の方は、臨時海軍航空術講習部(前名)がここに移されたのは大正十年で、横須賀の追浜《おっぱま》に次いで、海軍航空の由緒《ゆいしょ》の古い土地である。そこへいくと、「土浦」の方は、万事が若々しく、少年飛行兵の制度ができたのが昭和五年で、横須賀から現在の場所へ移された時日は、昭和十四年三月という新しい過去である。土浦練習航空隊も、最初のうちは、霞ケ浦海軍航空隊飛行予科練習部といったそうだ。十五年十一月に独立して、今の名になったのである。

しかし、どちらの前名も、文字にすると、ひどく長い。それで改名したのか、どうかは知らぬが、現在の名にしても、頻繁《ひんぱん》にそれを口にする人にとっては、舌《した》が邪魔になる。殊に、海軍の若い士官は「お早うございます」が「おす」になったり、「願います」が「ねえす」になったりするほど冗長《じょうちょう》を嫌うのである。

昨夜、S中尉は、「粕《かす》食う」だの「土食う」だのと、不思議なことをいったが、よく考えてみれば、「霞・空」と「土・空」の略語だった。前者の短縮はちと苦しいが、カスとツチとに分ければ、私も、もう混同の過《あやま》ちを犯さぬだろう。

七つボタン

自動車が土浦の町を離れると、もう、空をブンブン飛行機が飛んでいた。橙《だいだい》色に塗った機が多かったが、そうでないのもあった。一つの大型機は、遠く浮島の鼻のあたりの水上を、翔《か》け回《まわ》っていた。私はその下あたりに棲《す》む、霞ケ浦のヌシの運命を考えた。鯨ほどある怪魚も、翼をもたぬ自分を恥じて、水中深く潜《ひそ》んでいるだろう。いや、もう死に絶えたにきまってる。

土浦航空隊の正門前で、車を降りて、門衛の許可を求める間に、私は、門から湖まで、一直線に続く広い道路を、気持よく眺めた。一方に建物、一方に練兵場を、截然《せつぜん》としてわかつその道路は、雑草一つなく、手入れと掃除《そうじ》が行き届いていた。海軍の「きれい好き」は、いつも感じることだが、明るい湖畔の外光のもとに、一層、それが際立《きわだ》って見えた。

やがて、私は、その広い道路を進んで、将官旗の飜《ひるが》える庁舎へ入った。下士官が私の名を呼んで、応接室へ通してくれた。

そこに、先客がいた。年輩の、地味な背広を着た人だった。その向う側に、二人の少年飛行兵が、ひどく神妙に畏《かしこ》まって、腰かけていた。ことによったら、地味な背広の人は、二人の出身学校の校長かも知れなかった。とにかく、三人共、啞《おし》のように黙《だま》っていた。私は彼等の心理を推測するよりも、二人の少年飛行兵の服装を見る方が、興味があった。

二人は、第一種軍装をしていた。恐らく、この四月に入隊した甲種練習生とみえて、軍服の地も、金ボタンも、真新しかった。それだけに、見本のように、観察できた。

少年飛行兵の軍装が改正された話は、いつか聞いていた。それまでは、水兵と同じ服装だったのが、下士官に似た形式になった。軍帽も、軍服の形や地質も、下士官と同じ印象を与えるが、どこか違う点があると思ったら、ボタンが七つだった。

どこか颯爽《さっそう》たる趣きがあるのは、そのせいだと知れたが、七つボタンといえば、私は兵学校生徒や少尉候補生の第二種軍装を、聯想《れんそう》しないではいられなかった。昨日、来る途中に、荒川沖駅で、久振りで候補生の姿を見たが、私は、あの軍装が大好きだ。海軍の所謂《いわゆる》カデット気分が、満々と溢《あふ》れてる。また、どんな鬚《ひげ》武者の提督《ていとく》でも、あの軍装が懐かしくない人はないであろう。

私は少年飛行兵の軍装改正を、なかなか意味があると思った。そして、新しい軍装から推《お》して、こんなことを臆測した。

（ことによったら、土浦航空隊の教育は、海兵団と兵学校の中間を行くのではあるまいか）

そのうちに、扉が開いて、昨夜別れたS中尉の姿が現われた。

「あなたのご案内は、私がすることになりました」

その言葉を聞いて、私は嬉しかった。S中尉なら、心置きなく、愚問を発しられる。

第一兵舎

教育主任のH少佐のところへ、挨拶《あいさつ》に行って、それから、庁舎の外へ出た。昼飯前に、隊内の一部を見て置こうというのである。

「これが第一兵舎――派遣隊時代からの建物ですよ」

S中尉は、湖畔に近いコンクリート建築を、指さした。一列に並んだ庁舎や講堂と、同じ様式ではあるが、壁面の色が蒼錆《あおさ》びていた。「土・空」がまだ「霞・空」の水上班といわれた時代に、最初に建てられた兵舎だそうで、私は江田島《えたじま》の第一生徒館を聯想しないではいられなかった。江田島では、あの赤煉瓦《れんが》の旧い生徒館が、絵のような美しさで、訪問者の眼に染みると共に、曾《かつ》てその中に起臥《おきふし》した広瀬中佐や佐久間艇長のことを、偲《しの》ばせずに措《お》かないが、ここの第一兵舎も、歴史こそ新しいが、今度の戦争に、もう何十人もの殉国者《じゅんこくしゃ》を、送っているはずだった。私は、やがてこの兵舎も、記念の家になるだろうと、蒼黒《あおぐろ》い壁を仰ぎ見た。

第一兵舎の前の練兵場に、鉾《ほこ》を立てたような、銀翼の一片があった。奮戦した陸攻機のそれで、大小の弾痕《だんこん》が生々《なまなま》しく残っていた。恐らく、先輩の少年飛行兵の武勲を語るものだろう。

「将来は、兵学校のように、完備した参考館を建てたいものですがね」

S中尉が、新しいアルミ鍋のような、翼端を撫《な》でながらいった。

それから、私達は、別な兵舎の方へ行った。

「甲板掃除」が行き届いてるとみえて、どの兵舎の床も清潔だった。釣床《つりどこ》を釣る梁《はり》、その上に整列した手函《てばこ》、防毒マスク函、帽函――等々、海兵団や潜水学校の兵舎と変りはないが、なんとなく、舎内の空気が、明るく、温かい気持がした。天井《てんじょう》に、縦横に、万国旗のような信号旗が張《は》り回《めぐ》らしてあったためかも知れなかった。

私はここの兵舎と、兵学校の生徒館とのちがいを、考えてみた。兵舎は、そこで眠り、そこで食し、そこで憩《いこ》い、彼等の家そのものであるが、生徒館では眠る部屋と食う部屋が、別になってる代りに、憩う部屋が、どこにもないということに気づいた。食堂があり、寝室があるのは、結構なことだが、兵学校生徒が、手足を伸ばしてくつろぐ場所は、日曜のクラブの畳の上以外に、考えられなかった。

しかし、兵舎では、わが家《や》の気分があるように、思われた。夕食後の休憩時などに、彼等がテーブルの上に手函《てばこ》をおろして、故郷へ手紙を書いたり、読書をしたりする姿を想像すると、兵舎には、生徒館生活に見られない味があるのではないかと思われた。

無理

烹炊所《ほうすいじょ》の前を通ると、白い作業服の少年飛行兵が、ズラリと容器の列んだ棚《たな》から、飯や菜《さい》を受け取って、兵舎へ帰って行く姿が見えた。

それは食卓番といって、一つの班に四人組のきまりだそうだ。二人が飯と菜、後の二人は食器と湯という風に、受持ちが分れてるそうだ。食器も、いちいち、消毒するから、兵舎の中に置くわけにいかぬのである。

「皆、よく食うでしょうね」

私は、自分の十七、八という年頃を顧《かえり》みて、そう訊《き》いた。

「ええ、食いますな。また、よく食わせるですよ」

「水兵と同じくらい?」

「いや、もっとです」

それから、S中尉の説明を聴いて、私は些《いささ》か驚いた。

少年飛行兵達は、水兵のみならず、兵学校の生徒よりも、ご馳走《ちそう》を食べている。ご馳走という言葉がいけなければ、より多くの熱量を摂取《せっしゅ》している。江田島では一人当り三八〇〇カロリーくらいだが、ここでは四〇〇〇だそうである。

「睡眠も、兵学校よりは、一時間多いです。九時間です」

「ずいぶん、ラクをさせますね」

「いや、ラクをさせるのではありません。必要があるからです」

四〇〇〇の熱量も、九時間の睡眠も、少年達の平均年齢と生理が求める不動の数字なのであろう。海軍といえば、月月火水木金金で、年中、無理ばかりやってると思うのは、どうであろうか。海軍は、寧《むし》ろ、ある日の大きな「無理」のために、理づめに力を蓄《たくわ》える行き方のように思われる。戦う軍人の外に、軍医官や主計官も眼に見えぬ海軍を造り上げてるのであろう。

だが、私は、ある一つの「無理」のことも、考えないではいられなかった。それは、兵学校の四号生徒には、ここの少年達と変らない年齢の者もいることである。中学四年で入校した軍神横山少佐などは十八歳未満だった。それで、食餌《しょくじ》の熱量も、睡眠時間も、ここより少いのは、なんだか、劬《いた》わりがないような気がした。しかしよく考えてみれば、そこが江田島なのであろう。或いは、そこが海軍なのであろう。

私はそのことを、S中尉にいった。

「実際、兵学校は、きついですからな」

在校中に、病気休学をしたS中尉は、そういって笑った。

揚げ物のいい匂いが、烹炊所《ほうすいじょ》から流れてきた。私達も食堂へ行くために、足を運ぶと、途中に、鳩小屋だの、兎小屋だの、それから一羽の鷹《たか》を入れた、不細工な木函《きばこ》があった。

「あの鷹を、この間、練習生が捕《つか》まえたのですよ。兎は冬の兎狩りの獲物《えもの》です。それを、自分達で飼《か》ってるんですがね。みんな、よほど、生き物が好きですね。それから、花壇の花……」

「予科練」と「飛練」

士官食堂は、広くて、立派だった。坊主刈りにして、白い作業服を着た従兵が甲斐々々《かいがい》しく食膳の配置をするが、それは、少年飛行兵ではなくて、「定員」だそうだ。定員とは、電車や映画館の法定収容人員のことだと思ったら、海軍の言葉はどこまでも違う。隊付きの水兵さんなどのことだそうである。しかし「定員」によって——あくまで男手によって調理され、給仕された食事は、一連の清潔感を伴なって、美味だった。

私は、べつに女嫌いではないが、いつも、海軍の食事に満足する——第一、分量が多い。

満腹した私は、階上の教官室に導かれた。この隊のことや、少年飛行兵のことを、少し組織的に頭に入れてくれるように、S中尉に頼んだからだ。

「まず、少年航空兵という名ですが、これは俗名です。正しくは、少年飛行兵です。もっと正しくいえば、飛行予科練習生です」

「それで、昔はこの隊のことを、飛行予科練習部といったのですね」

「ええ、隊の名は変ったが、練習生の名は変りません。そして彼等にとっても、少年航空兵なんていわれるよりも、飛行予科練習生——略称『予科練』の方が嬉しいのですよ。ヨカレンという語の響きに、彼等は誇《ほこ》りがあるのです」

そういわれてみると私も、少年航空兵という字を、使う気にならなくなった。以下、「予科練」とする——

「予科練に甲種と乙種とありまして……」

それは、私も知っていた。乙種は国民学校高等科卒業程度の学力を、受験資格とする。これは、昭和五年に横須賀で第一期生が募集されて以来の資格である。しかし、昭和十二年以来、中学三年修業程度の練習生を採用することになったので、これを甲種と呼び、前者を乙種と呼ぶようになった。

「この隊では、基礎教育の時間が非常に多いから、既に中学で教育されてる甲種は、それだけ期間が短くていいわけです」

と、S中尉は、普通学や軍事学の内容を語ったが、普通学の数学だけでも、代数幾何《きか》から三角までやる。しかし、甲種も乙種も、後には同じ水準に達するので、娑婆《しゃば》でいう「甲乙」の差別があるわけではなかった。

「強《し》いて、相違点を挙げれば、甲種の方が、よけい飛行機を毀《こわ》しますな。研究的に、機械を弄《いじ》り回《まわ》すからでしょう。勿論、乙種にも、そういう性質の者もいますが……」

そして、彼等の進級は、頗《すこぶ》る速いのである。

「で、ここを出れば、一人前の荒鷲になれるのですね」

「いや、なかなか……。『予科練』を卒業して『飛練』になって——つまり、飛行練習生になって専門の練習航空隊に入って、教育を受けた後の話です」

飛行以前（一）

「予科練」の名が彼等の誇りで、「飛練」が彼等の憧れであることは、それでわかったが、とにかく土浦航空隊が、そんなに飛行以前の教育に重きを置いてることは、些《いささ》か意外だった。私は少年達が、ブンブン空を飛んでる光景を、頭に描いて来たのだが、大変な見当はずれだった。

「飛行機を操縦《そうじゅう》するというだけだったら、三年も四年も、鍛《きた》える必要はありません。少し、器用な者なら、すぐ、空を飛べますよ」

「そんなもんですかな」

「私は、いつも、自分の分隊の者にいってるんです——空の運チャンになるんじゃない、とね。空で戦う軍人になるんだ、とね」

S中尉は、力を籠《こ》めていった。

なるほど、飛行機は、飛ぶようにできてる機械だから、飛ぶのはあたりまえなのだろう。私たち素人《しろうと》が、口を開いて空を仰ぐほどのこともないのであろう。しかし、軍人が飛行機に乗るとなれば、大いに意味がちがってくる。飛ぶことの以前と以後が、大きな問題になってくるわけだと、私は思った。

そこで、私は、この隊の「飛行以前」の教育を知りたくなった。

「先刻もお話ししたとおり、ここは、基礎教育を与えるところなので、飛行訓練は全教程の後半の一部に過ぎません。仕上げをするのは『飛練』になってからです。ここでは、飛行機を知ること、操縦や偵察《ていさつ》や整備の初歩を学ぶこと——そして、それらを学ぶに要する知的、心理的基礎を築くことから、始めます」

それは、主として、普通、軍事の両学科のことであるが、学問の教え方からして、世間の学校と、根本方針が違ってるのではないかと思われる節《ふし》があった。

「例えば、地理を学ぶにしても、地球がどうしてできたかという解釈は、ここの教育ではない。アメリカが何処にあって、どういう地理的条件にあるか——そういう問題を学ぶのが本隊の教育なのだ」

これは、S中尉の言葉ではない。隊の司令A大佐が、かく説《と》いたことを、私は洩れ聞いているのだ。

学術教育にして、既《すで》に然りである。

「そこで、訓育の方ですが……」

広い意味では、隊内生活の全部が、訓育といえるだろうが、大略それを精神教育、体育、訓練勤務の三つに、分けうる。

精神教育については、一週一回、分隊長の精神講話があるが、抽象的な「説教」を極力避けるということだ。御勅諭《ちょくゆ》の謹解を中心とするのは、勿論《もちろん》のことだが、それを、戦史や実戦談の生きた事実に結びつけること——例えば、珊瑚海《さんごかい》のあの悲壮な偵察機の行動をもって、尽忠精神と敢闘《かんとう》精神を説くという風な行き方らしい。しかも、精神講話は、精神教育の、ほんの一端に過ぎないものらしい。

飛行以前（二）

被服《ひふく》手入れ、銃器手入れ——そういうものが、精神教育の一助になると聞いても、最初は、私も合点がいかなかった。その他、兵舎に入る時は靴を揃《そろ》えて脱《ぬ》ぐとか、食事の前に手を洗うとか、そういうことまでも、精神の糧《かて》に用いられるとは——

「いわれたことを、必ずやる——これは、軍人にとって、非常に大切なことなんです」

S中尉は、そういった。

銃器はもとより、被服も、上《かみ》より頂いたもので、大切に取扱うべきは、いうまでもないが、それが「命令」の形をとった場合、ただの心構えだけでは済《す》まなくなる。いかに遂行されたかが、問題になる。ただ大切にするというのは、意味をなさない。銃のここ とかしこを、どう磨いたか——命令どおりやったか、やらないかが問題になる。いわれたことを、必ずやる——その気持が、靴を揃えて脱いだり、手をきれいに洗ったりすることから、やがては火の玉となって、敵艦に突入するまで伸び、育つのだ。

「だから、点検ということが、鍛えになり躾《しつ》けになるのです。定時点検、分隊点検、その他、被服、銃器、短艇、寝具などの諸点検がありますが、それを通じて、いわれたことを必ずやる躾けが、行われるわけです——いちいち、修身くさいことをいいません」

なるほど——と、私は思った。

躾けということが、近頃、世間でもこと新しくいわれ、いわれ過ぎて、却《かえ》ってなにか女性的な、「文化的」な匂いまでもつ嫌《きら》いがあるが、軍人は真ッ直ぐに、命令と任務をもって行うからいいのだと、思った。それ故、行住坐臥《ぎょうじゅうざが》の実際に、結びつくのだと思った。

私は愚問とは思ったが、訓育の根本方針を訊《き》いてみた。改めて訊くまでもないことのようでもあったが、また、一応たしかめたいことでもあった。

「任務は絶対なり——これが、基《もとい》になることですが、それのまた、基になることは……」

それは、やはり、尽忠報国の徹底に始まっていた。軍紀の神髄《しんずい》も、そこに発するから、絶対服従の実《じつ》が挙《あ》がる道理だった。全軍協力の没我《ぼつが》も、敢闘精神も、必勝の信念も、みな同じことだった。

「要するに、悉《ことごと》くが、御勅諭から出ているのです。御勅諭の謹解以外に、何物もありません。例えば、不断に方正な躾《しつ》けの慣成に努めるということも、御勅諭のうちの、一項にもとづきます。軍人は礼儀を正しくすべし……」

そして、この隊では、殊に、体力の錬成を重視するが、その目的が、遺憾《いかん》なき任務の遂行ということにあるのは、いうまでもなかった。

「少年達は、生死のことを、どう思ってるでしょう」

私は根本方針のうちに、何かの教えが、なければならないと思った。

「それが、面白いですよ。入隊当時には、却って、一死報国とか、生死のことを口にしますが、卒業近くなると、淡々として、なにもいわなくなるですな」

飛行以前（三）

体育が重視されるのは、「予科練」がやがて飛行機に乗ることと、発育過程にある少年達であることと、二つの大きな理由からであろうが、体操、武技、体技のいずれも、懸命に励《はげ》まれてるようだ。

「少年の体は、若くても硬《かた》いんですよ。それぞれの体に、癖《くせ》をもってるんです。それを、柔《やわら》かく、解《と》きほぐしてやるのが体操で、それから武技、体技で、鍛えていくんです……」

世間に鳴り響いてる「土・空」の体操には、そういう目的があるとわかった。実際、あの体操をやると、メキメキと壮健になるので、国家不用の人物には、勧《すす》められぬという話だった。

武技は柔剣道、銃剣術、水泳で、体技は相撲、球技と分れている。短艇は運用術中の一教目で、体育のうちに入っていない。

「武技や相撲が、体と魂を練るのに適当なのは、勿論ですが、多少、個人的な嫌いがあります。それを補《おぎな》うのが、球技です」

そうだ、この隊の闘球は有名だった——某大学のラグビー部と、壮烈な試合をやった話などを私は思い出した。

「機敏、敢闘、持久の精神を養うには、闘球が一番ですよ」

S中尉の話では、海軍闘球の発案者は堺《さかい》大尉という人で、ドイツの送球にヒントを得てラグビーの長を加え、それらの規則を、頗《すこぶ》る簡単化したものだそうである。規則の印刷物を見せて貰うと、本陣、決勝線、突撃線というような用語が、興味深く、眼についた。

闘球は、最近、江田島でも採用されたようだが、海軍のこういうところも、世間が着目したらどうかと、思った。ラグビーは英国産であるとか、敵性競技の匂いがするとか、海軍はそんなクヨクヨしたことを、一向、いわぬようである。

「武技、体技は、そんなところですが、外《ほか》に競技があります」

「へえ、まだあるですか」

「いや、これは練習生の書き入れの行事ですよ」

その主《おも》なものに、冬の兎狩りがあった。江戸崎あたりの山の中へ行くと、今でも、兎が相当いるそうである。各部隊が、獲物を競い、それが採点される。その昔、兵学寮や兵学校で行われた豚追い、家鴨《あひる》追いに、相当するかも知れない。

最も大きな競技「一万メートル駆足」というのも、明らかに、江田島の弥山登《みせんのぼ》りを、聯想させた。隊の正門をスタートとして、各分隊の各班が、順次に出発して、所定の郊野のコースを走り、練兵場へ帰ってくる時間で、採点される。弥山登《みせんのぼ》りと同じく、個人の競技ではなく、分隊や班を単位とするから、その名誉にかけて、いかに「顎《あご》を出す」とも、頑張らなければならぬ。

阿見村の村民も、この時は総出で応援するそうである。

飛行以前（四）

まだ、その外に陸戦がある。練兵場の教練をやるだけでなく、辻堂あたりに行って野外演習をやる。

尤《もっと》も、野外演習は、一週間も民家に宿泊して、夜戦や払暁戦《ふつぎょうせん》に、山砲や機銃まで撃って、少年の血が躍《おど》るらしいが、一番「きつい」のは、なんといっても、短艇らしい。入隊当時の短艇訓練が、最も身に応《こた》えるのは、「予科練」の誰を摑《つか》まえて訊いても、明らかなことである。

だが、そうやって、海軍軍人としての下拵《したごしら》えを、一年も一年半も、済《す》ませた後でなければ、飛行機の翼に触れることも、許されないのである。空の運チャンになるのが目的でないとしたら、それも、当然のことであろう。

「しかし、随分、待ち遠しいことでしょう。飛行機の種別などは、その間に教えるのですか」

私は些《いささ》か「予科練」に同情して、訊《き》いた。

「いや、戦闘機でも、攻撃機でも、いつも、空を飛んでいますからね。教えなくても、皆、覚えてしまいますよ」

なるほど、付近各地の航空隊から、ブンブン、実物が隊の上へ飛んでくるのだから、教室の黒板に書かなくても済むわけだ。またそれだけに、さぞ少年達は、早く飛行機に乗ってみたいだろう——

「赤トンボに乗るまでだって、容易なことじゃありませんよ」

練習機はその塗色から「赤トンボ」というそうだが、それへ教官に同乗して貰って、とにかく、空中の人となるまでには、地上検定といって地面の上に据《す》えられた、落ちない飛行機の上で、操作を学び、適性の検査を受けねばならない。発動機を分解して、整備作業もやらねばならない。そして、操縦か偵察か、それぞれの適性によって、はじめて空への発足がきめられるのである。

「練習機ほど、安全な飛行機はありませんよ。操縦桿《かん》など握らない方が、真ッ直ぐに飛ぶくらいで……」

そういう飛行機に、教官が同乗して教えるのだから、まことに万全的周到さである。

その周到さが、順次の階段を確固と踏ませて、鷲の卵をやっと雛《ひな》まで、孵《かえ》らせるのである。しかも、雛にほんとの翼が生《は》えるのは、「飛練」になってからだとすると、時間にして、二年半乃至《ないし》三年半——長い親鳥の育《はぐ》くみといわねばならない。「わが方一機自爆せり」と広報に出るその一機を、哀惜《あいせき》する情は、このことを知って、一層深くなるのである。

「待って下さい——まだ、艦務実習のことを話しませんでした」

それも、やはり、飛行以前の教育であろう——「予科練」が卒業半年前になると二、三週間、軍艦に乗って実習を命ぜられる。それは、単に艦内生活を知るのみならず、少年達にとって、よいクスリになるらしい。将来は、海軍航空の中堅になるのだという誇りが、やや野放図《のほうず》に伸び過ぎることがあっても、艦内で番兵や取次ぎをやらせられるうちに、ほどよく矯《た》め直《なお》されるらしい。

「艦務実習から帰ってくると、ガラリと、態度が変ってきますね。不思議なほど軍人らしく、大人《おとな》ッぽくなってきます」

赤トンボ

大体、それで説明が腹に入ったので、再び、隊内の見学に移ることになった。庁舎を出ると、練兵場で、軍事点検が行われていた。軍装に威儀を正して「予科練」が胸を張って、点検を受けていた。あの緊張の工合《ぐあい》では、「躾け」が身に浸《し》みてるに違いなかった。

その前を通り抜けて、私は、湖畔の桟橋《さんばし》に導かれた。晩春の湖が静かな漣《さざなみ》を、橋脚に寄せていた。潮来《いたこ》、鹿島のあたりの森が、遠く霞《かす》んでいた。

「この桟橋で、よく、鯉が釣れますよ」

と、S中尉は語ったが、私は桟橋の上に、白い二つの円が描かれてあるのを、不審に思った。

「ああ、それは、練習生が飛行訓練の時に、出発帰着の報告をする位置です」

事もなげに、S中尉は答えたが、私は、そういうことまでに、寸法がきまってるのを驚いた。

やがて、私は岸沿いの格納庫へ導かれた。水上機の「赤トンボ」が、明るい、陽気な色の翼を休めていて、人影はなかった。私は、色があまりに美しいのと、形が小さいのとで、一寸《ちょっと》、ほんとの飛行機のような気がしなかった。

「これで、飛べるんですか」

「飛べるどころか――性能のいい、安全第一の飛行機ですよ。まア、乗ってご覧なさい」

私は、臍《へそ》の緒《お》を切って初めて、飛行機というものの体内へ入った。二つある座席の前席へ、S中尉が乗った。

「操縦桿を、私が動かすとおりに、そっちでも動くでしょう」

鉄の擂粉木《すりこぎ》のような棒は、なるほど、生《せい》あるもののように、私の前で、活動した。そして、背後を顧みると、舵《かじ》も同じように動いていた。

「操縦桿と踏棒が、前席の教官の動かすとおりに、後席に乗ってる練習生に伝わる――つまり、手をとって教えるのと、同じことです」

まったく、私が後席で桿に手、棒に脚、を触れてると、S中尉の神経が、そのまま伝わってくるような気がした。

「なるほど、うまくできてますな」

私は練習機というものの構造に感心したが、座席の中の簡単さには、なお驚いた。よく写真で見る操縦席の内部は、時計の機械のように複雑だが、これは精々《せいぜい》円タクの運転台ぐらいの程度である。計器盤なども、三つか四つしかない。思うに、この練習機は、飛行機の勘どころを、最も単純化したものだろう。構造だけを見ていると、私は自分でも飛べそうな気がして、ムッソリーニ首相のことなど考えた。あの歳《とし》でも、飛べるのだから――

「あなただって飛ぶだけならばね」

S中尉が、ニヤニヤ笑った。私は先刻聞いたばかりの飛行以前の話を、思い出した。

この「赤トンボ」に乗るまでには、長い道中《どうちゅう》があったのだった。それも教官同乗で、単独飛行は許されぬのだ。その辛抱《しんぼう》を考えると、私の飛行慾は五十秒ぐらいで消滅した。

青マーク

烹炊所《ほうすいじょ》、浴場、講堂、温習室――と、見て回ると、どこも、兵学校に劣らず、設備が行き届いてるのに感心した。

温習室には、ただ一人の練習生が机に向かっていた。S中尉が声をかけると、キリリと立ち上って、応答した。眼の円い、可愛い少年だった。

「どうして、一人きり、勉強しているんですか」

「『青マーク』です――軽い病気や怪我《けが》をした者は、青い腕章をつけるので、そう呼びます。そして、体育や陸戦を休ませます」

見たところ、その練習生は、血色もよく、元気だった。私は、ここにも、少年に無理をさせない慮《おもんばか》りを、覗《のぞ》いたような気がした。

「青マーク」にはいろいろの「等級」があるそうで、一番軽いのは、相撲の時にシャツを着る。相撲のとれる患者だから、恐らく、クシャミをしたぐらいの容体だろうが、それでも待遇を変えられる。一人で勉強していた練習生は、その一つ上の等級かも知れない。それにしても、病人に青という色彩を選んだ考えが、なかなか面白かった。

温習室のデスクも江田島と同じ形だった。蓋を開けると、整然とかたづいてることも、生徒館と変らなかった。ただ、江田島の生徒が書く「週末の感想」は、ここでは当用日記の毎日のページに、記されてあった。そして、夜の温習後の「五省」は、もうここではやらぬという話だった。

温習室を出て、柔道場と剣道場を覗《のぞ》いた。これも、立派な建物だった。武技の時間でなかったので、稽古《けいこ》は見られなかったが、剣道の教官が、ただ一人で、白刃を抜いて型をやっていた。柔道場の床に、バネが入ってるという話も、このとき聞いた。

やがて、完備したプールの前へ出た。いかに、空飛ぶ天兵でも、泳ぎができなければ、海軍軍人といわれない。水泳は武技の一つで、頗《すこぶ》る重視されている。しかし、練習生のうちには、山国の生まれも多いので、金槌《かなづち》や徳利が珍らしくない。多少泳ぎの心得がある者でも、我流《がりゅう》は矯《た》め直《なお》さなければならない。

そこで、このプールや大浴槽《よくそう》がものをいうのだそうである。なるほど、あの浴槽は、寧《むし》ろプールより大きかった。そして、一通り泳げるころには、三浦半島の海岸にキャムプをして、波のある水と取ッ組むのだが、練習生達は、この時が、よほど愉《たの》しみらしい。

「しかし、プールや海岸に行かなくても、眼の前に、大きな湖があるじゃないですか」

私は、ふと、疑問を起した。

「ええ。でも、霞ケ浦の水には、ワイルス氏病菌がいますからね。練習生には、一切、水に入らせないようにしています」

「青マーク」にしないための顧慮も、周到のようだった。

実際、入隊した少年達の体が、メキメキと立派になるのは、南洋の植物でも見るようで、面白いほどだそうである。半年経《た》つと、別人の如き体格になるそうである。それを見て、面会にきた父兄が驚くそうだが、発育盛りの肉体に、かくの如き周到なる衛生と健康の努力が払われていては、そうなるのが当然であろう。

発見

雄飛館《ゆうひかん》へ行くために、通路を歩いていると、奥の方の兵舎から、続々と、練習生が飛び出してくる。

白い作業服の群れもある。運動シャツに半ズボンの群れもある。一様に、班長のあとについて、駆足で飛んでくる。皆、足を揃えて、練兵場の方へ駆けて行く。服装の違うのは、その時の作業の違いによるのだそうだ。

皆、元気な顔をしている。きかん気の、鋭い顔がある。鈍重といっていいほど落ちついた顔もある。まだ母親に菓子でもネダリそうな無邪気な顔もあれば、もう、いっぱし議論でも吹ッ掛けそうな、大人の顔もある。年齢が少年と青年の境界に立つので、こういう風に、さまざまな顔が現われるのだろうが、概《がい》して、思ったより大人の顔が多かった。一人前の水兵さんと、変らない顔つきが多かった。

そのうちに、裸体の一隊が駆けてきた。相撲の締込みを着けたばかりで、全肢を露《あら》わしている。尤《もっと》も、シャツを着てる「青マーク」が一人いた。彼等は土俵を取り巻いて、号令一下、予備体操を始めた。私はS中尉に待って貰《もら》って、その前に佇《たたず》んだ。

相撲場の様子は「ハワイ・マレー沖海戦」の映画で、世間に紹介されたとおりで、べつに説明するまでもないが、私の注目したのは、さアご覧なさいといわぬばかりの、彼等の肉体だった。俳優の肉体ではなく「予科練」の肉体だった。

「この連中は、卒業前の古参ですよ」

と、S中尉が教えてくれたが、彼等の四肢は、ガッチリと、よく鍛えられていた。割りに色は白いが、胸も腕も、もう壮年といっていいほど、発達していた。中には胸毛の逞《たくま》しいのもいた。

(どうも、これア、憎《にく》らしいくらいだ)

私は腹の中で思った。少年飛行兵といえば、もっと蚊細《かぼそ》いものと予想していたからだ。しかし、隆々たる背から臀《しり》を見下すに及んで、私は一つの発見をした。人間の臀というものは、一番発育が遅れるかどうか知らぬが、そこだけは、太々《ふとぶと》しい表情をしていなかった。一様に、可愛らしく、ホッソリしていた。

(やっぱり、少年だな)

その発見を機会に、私は相撲場を去った。

歩いて行くうちに、建物の数が少くなって、広場が見えてきた。行く手に、一つの鳥居が見えた。その前へ行くと、S中尉が脱帽して頭を下げた。

「土浦航空隊神社です。天照皇大神《あまてらすおおみかみ》を、お祀《まつ》りしてあります」

私もお詣《まい》りをしてから、このお社が、江田島の八方園神社に相当することを考えた。

「これから彼方《あちら》を、通称、河向うといいますがね」

掘割のような河に、至誠橋と書いた橋が掛っていた。隣りの橋は忠勇橋というそうだ。橋を渡るとまた、広い土が展《ひろ》がっている。その先きにも、グライダーを飛ばす原がある。実に、広い構内である。教官は自転車を用いて、構内の用を足《た》すという話だった。

やがて雄飛館の大きな建物が、眼の前に現われた。

雄飛館

雄飛館が、酒保《しゅほ》を含む慰安《いあん》設備であることは、前から聞いていたが、こんな大きな建物だとは思わなかった。江田島の養浩館《ようこうかん》など、これから見れば貧弱なものである。

「ここが、面会人の食堂です」

木口の新しい、教室風な部屋に長卓と腰掛が列《なら》んでいた。日曜日に、練習生の顔を見にくる父兄や知人の数は、土浦市の物資に影響するくらい多いらしいが、この食堂で持参の食物を食べるのである。可愛いわが子わが弟を前にして、わが家わが村の土産《みやげ》を頒《わ》け合うのであろう。その笑顔が、人なき部屋に浮かび上るようだった。

　時間外なので、どこもガランとしていたが、同じような大きさの部屋が、いくつもあった。娯楽室もあった。図書室もあった。故《こ》大金中佐（恐らく、航空殉職者であろう）の未亡人から贈《おく》られた金で、大金文庫が設けられてるが、それを中心に、相当の図書が集められてあった。練習生はやはり、航空関係のものを読みたがるそうで、閲覧《えつらん》は兵舎に於《おい》ても許されるが、本の返却期を遅らせたり、汚損《おそん》をすれば、その借出人《かりだしにん》を出した班全体が、暫時《ざんじ》貸出しを禁《と》められるというのは面白い。

　奥の廊下に面して、酒保の饂飩屋《うどんや》さんだの、汁粉屋さんだのがあった。といって、暖《の》簾《れん》などが下ってるわけではなかった。恐ろしく武骨な店構えで、病院の薬局窓口といった方が、想像に便宜である。練習生はその窓口に木札を出して、それと交換に饂飩や汁粉の丼《どんぶり》を貰い、娯楽室へ持って行って、食うのである。直接、金銭を取扱わないが、値段は定まってる。

「汁粉は、いくらだったかなア、オジさん？」

　と、S中尉が訊《き》いた。

「へえ、九銭です」

娑婆《しゃば》の人間の声が答えた。

九銭は半端《はんぱ》だと思ったが、夏になると出るアイスクリームも、六銭だそうである。大変安い。但《ただ》し、今年の夏は、一銭ぐらい上るかも知れないという話だった。

「すると、練習生は、いつでも汁粉や饂飩が食えるわけですな」

時節柄、私は少し羨《うらや》ましくなって訊いた。

「いや、そうはいきません。汁粉の日には、饂飩はありません。饂飩の日には、汁粉はありません。そして、両方ない日もあります」

しかし、一生のうちで、一番甘い物を欲する年齢の彼等が、烈しい訓練の後で、なんにもおやつがないとすると、それも可哀そうになってきた。

「そういう日には、菓子袋が出るから、ご安心下さい」

S中尉が笑った。金十銭也の内容の菓子袋が、渡されるそうである。

「しかし、そういう小遣銭は、親から貰うのですか」

「いや『予科練』は、みな月給取りですよ」

そうだった。入隊と同時に二等飛行兵——忽《たちま》ち兵長となるのだから、航空加俸《かほう》を入れて、二十円ぐらいの月給になるわけである。

畳

雄飛館の階上は、悉く日本間だった。それも、一間五十畳《じょう》敷という大きな座敷が、廊下の両側に、ズラリと続いている。

「何をする部屋ですか」

「まア、寝転んだり、将棋《しょうぎ》をさしたり……」

そのために、床《とこ》の間《ま》つきの、こんな立派な座敷が用意されてるのは意外だった。しかし、日曜や休日に、練習生が恋しがるのは、なによりも畳の上だからだそうだ。一体、海軍軍人は畳が好きと、相場が定まっているが、まだ艦に乗らない「予科練」までがそうだとは、微笑《ほほえ》ましかった。

「畳の上はいいですからな。僕等だって、随分、畳の上に俸給を吸い込まれますよ、ハッハハ」

S中尉が、含蓄《がんちく》あることをいった。

しかも、練習生に与えられる「畳」は、ここばかりではなかった。土浦市中の良家を借りて「クラブ」制度が行われてるのは、江田島と同じだった。休日外出に、同じ班の者がそこに集まって、ハモニカを吹いたり、茶を飲んだりして、寛《くつろ》ぐのである。雄飛館の畳は、いわば「公式の畳」で、クラブのおばさんが世話する「娑婆の畳」は、また別種の趣きがあるらしかった。どっちにしても、二種も畳をもってる「予科練」は、海軍軍人中の果報者だった。

「外出の時は弁当を持たせますが、腹が減れば飲食しても差支えないのです。予科練指定食堂という看板を出した店が、土浦の各所にあります。月一回、軍医官が巡検して、その店の衛生状態を調べます」

まるで、神経質な母親のように、行き届いた注意だと、感服の外はなかった。序《ついで》に、私は酒保以外の練習生の娯楽のことを、訊いてみた。

「慰問演芸もきますし、一週一回の報道映画、月二回の劇映画もありますし……」

晴天は野外、雨天は武道場で行われる映画は、彼等の愉しみに相違ないが、慰問演芸の悦《よろこ》ばれるのは、想像以上のようだった。また、一学年が終った頃に、付近の山に行軍して、分隊長以下全員が、自分達の演芸会を開くことがあるが、その時の彼等の悦びは非常なものだそうだ。怖《こわ》いと思った分隊長や班長が、ハメを外《はず》してくれることが、なんともいえず嬉しいのだそうだ。

尤も、予科練習生生活が、なにもかも面白《おもしろ》ずくめだと思ったら、飛んだ誤《あやま》りで、海軍教育の常として、「最初の鍛え」は頗《すこぶ》る厳格である。入隊当時の準備教育時代は、酒保にも行けず、短艇訓練や雑巾《ぞうきん》掛けや、随分辛《つら》いことがあるらしい。しかし、そこを通り抜けて、彼等の矜《ほこ》りが生まれるし、また待遇もちがってくる。卒業まぎわになれば、帝国海軍航空の中堅という意識で、天下を取ったような気持になるらしい。

さて、いよいよ卒業して、その名も「飛練」と変り、各所の航空隊へ送られる時には、分隊長や班長が、母親のように、付き添って行く。そのトラックが隊門を出る時には、庁舎の前で、司令以下各教官教員が手を振って見送り、感情高潮して、劇的光景を示す由《よし》である。

飛行以後（一）

隊内を一巡した私は、再び、教官室に戻った。少年飛行兵がいかにして育てられるかは、ほぼ、私の腑《ふ》に落ちた。今は、彼らがどんな働きをしたかを、知る順序になった。しかし、今度の戦争で「土・空」出身の若鷲が、いかに赫々《かくかく》たる殊勲を立てたか、世間は遍《あまね》く知ってる。私の知りたいのは、数多い忠烈な若武者のうちで、まだ世に伝わらぬ話柄《わへい》だった。それは、他日、必ず人の耳に熟するであろうが、それまでに、せめて一斑を紹介できたらと、希望したのである。

私は教育主任のH少佐に、そのことをいった。H少佐は長い間「土・空」に勤めて、最も多くの雛鷲を手掛けた人なのである。

「できるだけ、そういう話を集めているのですが……」

少佐は、デスクの書類入れから、用紙の束《たば》を取り出した。教育主任の用務は多端《たたん》なのに、自分でペンを走らして、それらの話を採集してるのは、恐らく、育て上げた人の深い愛情からと思われた。

「甲の三期の首席で大宮建夫（仮名）という男――小柄《こがら》な声の大きい、闘志旺盛な練習生でしたがね……」

髭《ひげ》はないが潮気《しおけ》の残ってる、H少佐の浅黒い顔が、引きしまってきた。ただ少佐の言葉は、吃々《きつきつ》として始まり、時に非常な速口になるので、私はよほど耳を澄まさねばならなかった。

「……戦闘機乗りで、ハワイでも手柄をたてましたが、○○海の戦で、壮烈な戦死を遂げました。ちょうど、母艦××の上を哨戒《しょうかい》しとった時に……」

そのとき、三十機ほどの敵の攻撃隊が、両側から襲ってきたそうである。母艦を狙《ねら》ってきたのは、いうまでもない。大宮兵曹長は、敵の隊長機に食い下って、背後から、必死の銃撃を加えた。ところが、敵機の装甲が、よほど厚かったとみえて、いかに弾が命中しても、平然として、母艦に迫って行く。遂に敵機は、雷撃の射点へ来て、その姿勢をとった――

「そこで、上から、グッとやったんです――ほんとの体当りです……」

活字の報道を読むのとちがって、私は目《ま》のあたりに、その光景を見たような気がした。

「甲の四期で、内田正二（仮名）という男――これは、あなたもご承知の鹿児島二中からきたんですがね。体が非常に巨《おお》きくて、それに、素晴らしい美少年なんです。映画会社の者が、内田の写真を見て、こんなスターを探しているのだと、嘆声を洩らしたことがありましたがね……」

内田上飛曹は、まだ十九か二十《はたち》だった。加来《かく》少将の部下で、東太平洋作戦に加わったのだが、不幸、敵弾を受けて愛機が焔《ほのお》に包まれた。

「それで、自爆態勢をとったのですが、そのときに、側を飛んでいた僚機に、別れの挨《あい》拶《さつ》をした――ニッコリと、実に美しく、立派に笑ったそうでね。あんな笑顔は、誰にもできるものでないと、僚機が報告しとるのです……」

飛行以後（二）

「甲の三期で、水上機のパイロットで、松坂武（仮名）というのがいました。少年に似合わず、沈着な性質で……彼が隊を出て暫《しば》らくして、私が用務で関門を渡る時に、連絡船の中で、偶然逢《あ》ったことがあります。その時、彼は、出征の途中らしく、袋《ふくろ》入りの日本刀を持っていました。聞いてみると、スッカリ、刀好きになっている……」

H少佐は、嬉しそうに微笑んだ。ことによったら、少佐自身も、刀剣癖があるのだろう。

ウエーキ島の攻略後に、松坂二飛曹は、やはり「土・空」出身の中田という偵察員と同乗して、水上索敵《さくてき》に飛び出したが、途中で、烈しいスコールに遭《あ》った。烈しく、そして非常に長いスコールで、出発三時間後に、遂に海上に不時着したのである。

そのことが「我れ位置不明」の無電と共に、基地へ知られた。基地ではすぐ方位を送り、救助機を出そうとしたが、なかなか位置が知れない。そのうちに、「浮舟浸水」の無電がきた。ほどなく、「我れ自決す」。そして、無電の連絡は、永久に絶えた——

「あの刀で、やったんですよ……」

H少佐は、下腹のあたりに、拳《こぶし》を曳《ひ》いた。少佐も私も、暫らく、ものをいわなかった。

「乙種四期で、土成一夫（仮名）——在隊中には、これといって特徴のない男でした。偵察員になって、セイロン島のツリンコマリー爆撃後の効果を確かめに飛んだのです。同乗の電信員の稲田幸吉（仮名）——これも本隊出身で、恩賜《おんし》を頂いた優秀生です。ちょうど、敵地へさしかかった時に、前方からハリケーンが出てきたのです。こちらは偵察機のことであるから、忽《たちま》ち、バリバリやられた……」

土成偵察員は頭部、稲田電信員は腹部に弾を受けた。伝声管が血で埋まって用を為《な》さないほどだったが、「自爆せん」という声に対して、土成偵察員は、あくまで「ガンバレ！」と答えた。そういう彼自身は、実は激烈な頭痛を感じて、何事も夢心地だったという。それでも、彼は、「ガンバレ」を叫び続けていたのである。

やがて、母艦が見えてきた。着艦の姿勢をとろうとしたが、敵弾の被害で、滑走車が出なかった。遂に、一千メートル海上に着水したが、その時の衝撃で、土成偵察員は顔を打ちつけ、失明した。しかもなお、彼は屈せずに、僚員を激励し続けた。しかし、全員が、瀕死《ひんし》の負傷だった。駆逐艦《くちくかん》が救助に行った時には、機の付近の約一坪ばかりの海水が、真ッ赤に染まっていたという――

「それで、助かったのですが、土成の如きは、実に頑張りの見本のような男ですよ。失ったはずの両眼も、遂に一眼だけ助かって、今では、元気に働いてるそうですがね……」

それから、私は、まだ幾つもの輝ける実例を聞いた。ただ、多少の差《さ》し触《さわ》りがあって、今、その全部を紹介できぬのが、残念だった。

それでも、私は満足だった。「土・空」の訓練を知っただけでは、気の済まないものが、ここでまったく満たされた。歴史の短い「土・空」が、自ら光栄の歴史を長くしている。

期会（一）

いつか、日が傾いてきた。海軍の夕飯は早いので、士官食堂では、もう食事が済んでしまったのだが、私は「お預け」である。しかし、この「お預け」こそ愉しみが多く、私は空腹に甘んじた。

土浦の旅館で、S中尉がいっていたように、隊内の六十七期会が、今夕六時から開かれるというのである。私は士官宿舎のS中尉の室で、愛蔵の日本刀を見せて貰ったりして、時刻のくるのを待っていた。やがて従兵が、人数の揃ったことを知らせてきた。

「では……」

S中尉に導かれて、私は士官宿舎の集会室のような所へ行った。広くはないが瀟洒《しょうしゃ》な洋室で、油彩《ゆさい》の額や将棋盤が、眼についた。そして、長テーブルの上には、お膳が列《なら》び、四人の士官が席に着いていた。N中尉、M中尉、K中尉、Y中尉——S中尉が、私を紹介してくれた。

「『霞・空』にも、二、三人いるんですが、時間がなくて、連絡がとれなくて……」

S中尉の話によると、全国で、こんなに多くの六十七期生が集まってるのは、「土・空」だけだそうだ。それで、期会の本部がここに置かれ、S中尉が幹事をしてるらしい。

「ご馳走になります」

私は、光栄ある軍神クラスのために、盃を挙げた。すると、後から後からと、お酌をされた。私の気持は、寛《くつろ》いできた。

海軍軍人も、大尉、少佐となると、世慣《よな》れてくるが、少尉、中尉はちょいと、トッキの悪いものである。純真であると同時に気を負ってるから、娑婆《しゃば》の人間との距離を、露《あら》わに見せるのである。しかし、今日の若い士官は、そうではなかった。初対面ではあるが、諸士は私を知ってるし、私も亦《また》「若桜」を通じて諸士を知ってる。期会雑誌ぐらい開放的なものはない。軍機以外の内輪話が、いろいろ書いてあって、抱腹絶倒《ほうふくぜっとう》せしむる。

「あれは、面白かったですよ」

と、私がいうと、クスクスと、笑い声が起きた。

「Y中尉は、六十六期なんですがね、ちょいと、出て貰いました。秋枝、中馬《ちゅうまん》、松尾中佐の同期生です」

そういうS中尉も、兵学校で病気休学をしたので、両期に亙《わた》る経験をもっていた。話は、自然、シドニーの特別攻撃隊の烈士のことに及《およ》んだ。

「中馬《ちゅうまん》は、温和《おとな》しかったなア」

「神田が死んだ時、よく、世話をしたなア」

神田中尉は六十七期生で、特殊潜航艇訓練中の殉難者《じゅんなんしゃ》だった。

中馬中佐と横山少佐との関係は、誰も知ってるが、同じ薩摩《さつま》から出た二人が、同じように、珠《たま》の如き温厚の士だったことを、今更、私は確かめることができた。

期会（二）

時々、従兵が、蕎麦屋《そばや》の徳利のような武骨な徳利を、ドスッと卓《たく》の上に置いて去った。若い士官達は、さぞ大いに飲むだろうと思ったら、私にばかり、注《つ》いでくれるのである。

「おい、従兵。おれの室の机の右の抽斗《ひきだし》に、新聞包みがあるから持ってこい」

私の隣りのN中尉が声をかけた。

「なんだい？」

向う側のM中尉が、口を挿《はさ》んだ。

「海苔《のり》だ」

「新聞包みだけじゃわからんよ。貴様の運動靴をもってくるかも知れんぞ」

「ハッハハ、運動靴を食わされちゃ、やりきれん」

「上の方の新聞包みだ、わかったな」

「はい」

従兵君、あくまで、真面目《まじめ》だった。

お膳の上には、鮟鱇《あんこう》の酢味噌《すみそ》とキンピラ牛蒡《ごぼう》と、菜の清汁《すまし》が載《の》っていた。面白い献立《こんだて》だが、栄養学的には、苦心が存するのだろう。しかし、だいぶ食べ荒したので、N中尉が、海苔を提供しようというのである。

従兵は、やがて、新聞包みをもってきた。運動靴ではなかった。

「それを、すぐ、焼いてくれ——ちょいと待て。海苔というものはな、決して激しく焼くんではないぞ。軽く、適当にな」

「はい」

従兵君、いよいよ真面目だった。

そこへ、N・S中尉が入ってきた。そして、Y中尉と入れ代りになった。N・S中尉は横山少佐と同じく、鹿児島二中の軍人組出身で、少佐が最後に帰省した時に、N・S中尉が病気で自宅に静養していたのを非常に心配した事実を、私は知ってる。また、少佐の戦死が発表された時に、N・S中尉が軍服を着て、横山家に悼みに行ったら、それまで一滴の涙をもこぼさなかった少佐の母堂が、声を揚げて泣いたことも知っている。私は、軍人にしては華奢なN・S中尉の顔を、シンミリした気持で眺めた。

だが、私の感傷は長く続かなかった。やがて、従兵が、うやうやしく持ってきた皿の上を見て、私は危く噴き出すところだった。N中尉の命令どおり、海苔が「適当」に焼かれてあったのは事実だが、その形の大きいこと——原型のまま、切られもせずに、西洋皿の上に反《そ》り返っているのである。なんと、雄大な焼海苔かな——しかし、誰もなんともいわずに、大きな一枚を、口へ持っていった。私も、その真似をした。

「横山は、笛を吹いたね」

M中尉がいった。

「うん、あれは、おれの明笛《みんてき》で、稽古したんだよ。ちっとも、巧《うま》くならなかったが、根気よく吹いていた。でも、終《しま》いには、流行唄《はやりうた》ぐらい吹けたなア」

N中尉が答えた。私は若い士官が、自分達同士で話し合うのを聞くのが、面白かった。なんだか、軍艦の士官次室にでもいるような気がした。

期会（三）

布哇《ハワイ》遠航の時の話がでた。

「ヌアヌ・パリの二世の娘ね。あれは、横山に好意をもっとったね」

「そうそう。あの娘は、今頃、どうしてるかな」

話が面白そうなので、私は註解を求めた。

ホノルル郊外の景勝地ヌアヌ・パリ付近で、相当の生活を営む日本人の家庭に、候補生達が招待された時の話である。その家の令嬢は、「ナイス」であったのみならず、まったく他の二世娘と類を異《こと》にしていた。彼女は支那事変を憂い、まだ見ぬ故国に帰り、看護婦として従軍する希望を打ち明けた。そういう言葉が、若い候補生を喜ばせたのは、いうまでもないが、彼女が横山候補生に対してのみ親切で、もし自分の方が早く帰朝《きちょう》したら、艦隊入港の時にお迎えに行きます、といったことは、少なからず、一同をクサらせた――

「横山は、まったく、誰にでも好かれたよ」

「でも、『坊や』という綽名《あだな》で呼ぶと、怒ったな」

「自分では、そんな風に見られるのが、嫌いなんだ……実際、あの発表があった時に、横山が入っていたんで、驚いたよ」

「ほんとに、横山がやるとは、思わなかった」

「しかし、古野は意外じゃなかったな」

「そうだ。古野は、やりそうな男だった……」

話題は、古野少佐の方へ転じた。

「兵学校時代に、古野が、玉錦の弟子《でし》を投げ飛ばしたことがあったね」

「そうそう」

横綱玉錦が広島へ巡業した時に江田島を訪れたことは、横山少佐の日記にも、ちょいと書いてあるので、私も知っていた。その時、玉錦の弟子と生徒との試合があったが、やはり餅屋《もちや》は餅屋で、相撲取りの方が強かった。しかし、古野少佐は、非常に鮮かに投げ勝って、生徒の溜飲を下げたそうである。両軍神とも、相撲と柔道は強かったが、相撲では、古野少佐が一日の長があったらしく、締込み姿の勇ましい写真を、私はなにかで見た覚えがある。

やがて、向う側のK中尉が、私に話しかけた。顔も声も、小児の如く優しい人で、それまで、殆《ほと》んど沈黙していたのである。

「私は、古野について、こんな記憶があります。つまらない話ですが……」

K中尉は、古野少佐と乗組艦が同じだった。その艦の石炭積込みの時の話である。一体、石炭積込みというものは、兵員に限らず、士官も被服が真ッ黒になるそうで、K中尉は、新しい艦内帽を汚《よご》すのが勿体《もったい》なくて、古野少佐に、兵学校時代の古い帽子を貸してくれと、頼んだそうである。

「すると、彼は、嫌《いや》だといいました。仕方がないから、私も諦《あきら》めて働いてると、私の後から、黙って帽子を被《かぶ》せてくれた者があるんです。とても大きな帽子で、私の耳まで、入りました……古野が、自分の帽子を持ってきてくれたんです……」

K中尉の声には、亡友を懐《おも》う深い響きがあった。

朝の歌

前夜は九時過ぎまで、士官宿舎で話し込んで、門前の旅館で就寝したのは、かなり晩《おそ》かった。

「お客さん、時間ですよ」

と、約束の四時半に、宿の主婦に呼び起されるまで、何も知らず熟睡していた。

顔だけ洗って、旅館を飛び出した。「総員起し」を観《み》るために、江田島でも早起きをしたが、あの時は、まだ暁の月が輝いていたのに、今度は、まったく朝景色になってる。月日はさまで違わぬのだが、関東地方は夜が明け易いのであろうか。

庁舎付近で、S中尉に逢《あ》った。

「お早いですな」

「いや、これくらい……」

一朝ぐらいの早起きなら、海軍軍人に負けない自信はある。

それから、私は兵舎に導かれた。まだ、練習生達は、釣床の上に眠っていて、ムッとする若い体臭が、室内を籠《こ》めていた。やがて、当番が起きてきて、窓の側に佇立《ちょりつ》した。時間がくれば、一斉《いっせい》に、窓を開け放つのである。

「総員起し五分前」の号音が、拡声器から鳴り驚き、起床ラッパが流れてくれば、兵学校と同じような朝の慌《あわただ》しさである。ただ、ここでは釣床だから、それを畳《たた》む動作がちがう。床をくくりながら紐が空を切って、隣りの練習生の頬《ほお》を打っても、毎朝お互いさまのことで、怒る気も暇《いとま》もない。見る間に、大きな芋虫のような床が釣床棚《つりどこだな》に収められ、済《す》んだ者から洗面所へ駆けつける。

洗面所の混雑を一瞥《いちべつ》してから練兵場へ行った。続々として、各班が詰め寄せてくる。白い作業服が、眼に浸《し》みるほど清々《すがすが》しい。彼等は大声を張り上げて、号令の稽古をしている。これも海軍の智慧で、一瞬も「ボヤボヤする」ことを忌《い》むのであろう。

やがて、その声が著《いちじる》しく拡大されたのは、全員が集合してきた証拠《しょうこ》である。遂《つい》に当直将校が軍艦旗掲揚檣《けいようしょう》の立った号令台に昇り、朝礼が始まった。

明治天皇御製《ぎょせい》の斉唱が、湖に潮騒《しおさい》が起こるかと疑わるまで、堂々と響き渡った。少年の柔かい声帯から、こんな声が出るかと思うほど重々しく荘重だった。それは、数がさせる業《わざ》だった。広い練兵場を埋め尽す白服の群れは、空の星よりも多かった。この白服が羽搏《はばた》き出《だ》す時、そしてまた、来年再来年《さらいねん》の数多い白服を想像した時——私は、なんともいえぬ頼もしさにうたれた。

朝礼が終ると、体操が始まった。毎年、神宮大会の花である「予科練」の体操が、母隊の庭で、誇らしく咲くのを、私は眺めた。

この朝に、飛行作業があったら、私は同乗を許して貰って、三十年前の旅の跡を空から眺めたかった。生憎《あいにく》、風が出てきて、作業が取り止めになった。私は、昨日以来、旧知の如くなったS中尉に別れを告げて、旅館に帰り、急いで朝飯を食った。一休みしたら「霞・空」へ出かけなければならないからである。

霞ケ浦航空隊

「土・空」から「霞・空」へ行くのに、バスに乗った時間よりも、バスを待った時間の方が、よっぽど長かった。途中に、海仁会の建物があったり、道路そのものが海軍道路であり、なんのことはない、庭続きという感じで、両者を混同していた私の粗忽《そこつ》も、さまで滑稽といえなかった。

尤《もっと》も、今の「土・空」が少年飛行兵教育を始めぬ以前は「霞・空」の水上班と呼ばれた時代もあったそうだから、先祖の血は繋《つな》がってるわけである。そのころは海軍の飛行機といえば、下駄を履《は》いてるものと、世間はきめていたから、水上班は解っても、陸上班というのは、合点がいかなかったと思われる。しかし、車輪をつけて地面から飛び出す飛行機は、今も昔も、阿見原の上を飛んでいる。輪のついた海軍機というのが、「霞・空」の歴史の縦の主流であろう。

帰来、多少の読書をしてみると、帝国海軍航空の歴史と「霞・空」の歴史とは、重なり合ってる頁《ページ》が多いようだ。安東昌喬中将の分類に従えば、海軍航空は黎明期《れいめいき》、模倣期《もほうき》、転換期、勃興期《ぼっこうき》、躍進期の諸時代を経《へ》てるそうだが、「霞・空」の歴史は最初の二期の中間ぐらいから、始まってるようだ。

黎明の曙光が射《さ》したのは、いうまでもなく横須賀追浜《おっぱま》だが、そこから大正十年五月十四日に、本田一等機関兵曹が三十四名の部下を連れて、初乗り込みをしたのが、記念すべき「霞・空」草創《そうそう》の日となっている。その後、英国民間飛行団セムピル大佐以下を傭《よう》聘《へい》して、英国飛行機による再教育を行ったのは、模倣期時代の証であろう。隊の名も、臨時海軍航空術講習部といったのは、前に書いたとおりである。

だが、その期間は想像以上に短く、やがて、国産の機体と発動機が採用され、この飛行場から数々の記録が樹てられた。樺太《からふと》や千島の長距離飛行もそうであったが、地上飛行機の着水や、水上飛行機の着陸などの珍らしい成功もあった。勃興期《ぼっこうき》、躍進期に照応する種々の業績は、知るべきは知られ、知られざるは機密のようだから、ここに書くまでもない。

しかし、各時代を通じて、この隊に四回も、行幸があったことは、銘記すべきであろう。秩父《ちちぶ》宮殿下を初め、各宮殿下の御成《おな》りも、数多く賜《たま》わっている。東郷元帥《げんすい》も、大正十一年に訪問された。また、山本元帥、加来《かく》少将の壮烈な生涯の一時代を、この隊に送ったことは、周《あまね》く知られたとおりである。実に、海軍航空の先達にして、阿見原頭の草の香を知らざる人は、絶無といっていいであろう。

また昭和四年のツェッペリン飛行船、五年の太平洋横断機タコマ号その他、霞ケ浦飛行場の名を国際的ならしめた。「霞ケ浦」といえば、水郷を想わずして、海軍航空のことを考えるほど、歴史も、存在も、輝いたのである。

霞ケ浦神社

衛兵詰所《つめしょ》の建物も、「土・空」に比べると、ずっと古かった。桜の青葉が、屋根を青く染めていた。

私は副官のT大尉に面会を求めてると、

「あア、あすこに、副官が来られます」

衛兵が、通路を横切っていく士官の姿を指さした。恐ろしく若い副官だ。「霞・空」の空気が若々しいという評判は、私も聞いていたが、まるで候補生のように若い、白面の副官は、その表象であろうか。

「どういう所を、見学なさりたいのですか」

と、不愛想なほど、ハキハキした言葉——こういう場合に、遠慮などしていると、えらく損をする。私は少しオマケをつけるくらい、註文を列《なら》べた。

「承知しました」

副官は、もう速足《はやあし》に歩き出した。恐らく、「霞・空」の見学者が頗《すこぶ》る多いので、副官も慣れてるのであろうか。間髪《かんぱつ》を容れず、私は隊内案内を受ける身となった。

「ここが、霞ケ浦神社です」

石の鳥居はやや新しいが、素木造りのお宮は、もう寂《さ》びがついていた。芝草と植樹のたたずまい、まったく神社の体裁《ていさい》の整った境内《けいだい》だった。

私は心を澄ませて、礼拝した。

潜水神社と列《なら》んで有名な、このお社のことは、私もかねて知っていた。海軍の航空戦死者、殉職者を祭神とすることも、聞き知っていた。しかし副官の次ぎの言葉は、初耳だった。

「この神社の創設を提案されたのは、山本長官なのですよ。長官が大佐時代に、ここの副長を勤めておられた時の話です」

その日は、四月二十七日だった。山口、加来両提督《ていとく》の戦死は、発表されていたが、山本長官の変らざる雄姿は、誰しも、旗艦の艦橋にあるものと思っていた。私は武名一世に鳴る提督と、この神社との因縁を知って、おやそうかと思っただけだった。帰来、一カ月ならずして、五月二十一日夕のラジオの前に、茫然《ぼうぜん》となった私は、暫時《ざんじ》して、霞ケ浦神社のことを考えた。あの神社は、山本元帥が建てたのだと考えた。

そして、私は見学の時に聞いたことを、憶い出した。霞ケ浦神社の祭神の資格ということである。それも恐らく、山本大佐の発案ではないかと想像されるが、祭神は航空機上の戦死者殉職者に限られるのだそうだ。譬《たと》え、直接航空のことに携《たずさ》わらないでも、機上で戦死殉職した海軍軍人は、その資格があるのだそうだ。例えば、大角大将は祭神の一柱なのである。そして、山口、加来両提督は、場合を異にすることになる。

しかし、山本元帥の場合——これほどハッキリした資格と条件はあるまい。自ら海軍航空を育て、自ら霞ケ浦神社を建て、やがて、そこに祀《まつ》られるであろう元帥の本懐は、想うてもなお余りある。

勇士

本部で一休みしてると、副官に用事ができたので、二人の士官が私を案内してくれることになった。

「みんな、実戦の勇士ですよ。N大尉は、ハワイ攻撃の殊勲者です。話を聞いてご覧なさい」

私は、副官の言葉を頭に浮かべ、尊敬を以《もっ》てN大尉を眺めた。長身で、品のいい、良家の息子のような人だった。私の知人の洋画家によく似ていた。鬼をも拉《ひし》ぐという風は微塵《みじん》もなかった。

「さア、お乗り下さい」

玄関前に、自動車が止まると、N大尉にそういわれて、私は少しマゴついた。自動車などに乗って、どこへ行くのかと、思ったからだ。

正面の格納庫へ続く真ッ直ぐな道路を、車が走った。近そうにみえてなかなか遠い。これでは自動車の必要があるかも知れない。そのうちに右側から、大きな練習機が滑走してきた。

「おい、待ってやれ」

N大尉が、「定員」の運転手に声をかけた。車が速力を落した。機上の人は敬礼をしながら、車の前を滑走し去った。ちょっと市中の交通道徳に似ている。

「あなたは、ハワイ攻撃に行かれたそうですね」

私はN大尉に話しかけた。東京を出るときから、「霞・空」には実戦の勇士がゾロゾロいると聞いてるので、面晤《めんご》を愉しみにしてきたのである。だが、N大尉も、もう一人の大尉（途中でお別れしたので、姓名を逸《いっ》したのが残念である）も、ニヤニヤ笑いを洩らすばかりで、なかなか口を開かなかった。

そのうちに、車が格納庫を回って、吹流しや丁字板の見えるところへきた。また新しく、海のような草原が、眼の前に展《ひら》けた。一体どこまで広いのだろうと、私は呆気《あっけ》にとられた。甲子園の中等野球が、全部一時にここで試合ができると、私は見当をつけた。

車を降りて、気象観測所風な建物の前へ出ると、草の上に椅子《いす》を置いて、飛行服に身を固めた士官が、泰然《たいぜん》と飛行場を睥睨《へいげい》していた。その側に、作業服を着た部下が、据《す》えつけの望遠鏡で四辺《あたり》を注視したり、記録を書き入れたりしていた。

私は軍の飛行場へくるのは、初めてであるし、また飛行服を着た士官は非常に立派に見えるものであるし、椅子に腰かけた人を、「霞・空」の司令かと思った。少くともその次ぎぐらいに偉い人かと思った。その隣りに椅子を列べられて、私は大いに恐縮した。

そのうちに、N大尉がその人を私に紹介してくれた。

「M大尉です――南方歴戦の勇士でね。話をお聞きになるといいですよ」

N大尉も、副官と同じようなことをいった。

私はその士官も大尉であることに驚くと同時に、勇士というものは謙遜《けんそん》ではあるが、人が悪いとも思った。実戦談を、人に押しつけてばかりいる。

M大尉は、眼のギョロッとした鋭い横顔の人で、その癖、市井の指物師《さしものし》のような、気取りのない態度で、顎《あご》に無精鬚《ぶしょうひげ》を一ぱい生《は》やしていた。私は、一風変った海軍軍人だと思ってると、巻き舌でN大尉に話しかける声が聞えた。

「ゆんべ、飲み過ぎちゃって、どうもいけねえ」

どうやら、そんな意味らしかった。

そのうちに、「報告」が始まった。横の方から飛行服と飛行帽に身を固めた人が、拳《こぶし》を胸にあて、タッタッタッと駆けてきて、ピタリと止まって、クルリとM大尉の方を向いて、

「××少尉、×号、離着陸同乗、出発します――」

と、大音声《だいおんじょう》で呶鳴《どな》る。自分の身分と、機の番号と、同乗の教官に離着陸の操作をして貰って、空中に出発するという「挨拶」なのである。

「よし！」

と、M大尉が答えると、挙手の礼を終って、クルリと回って、タッタッタッ――飛行機のある方へ、駆けて行く。次ぎ次ぎに人が変って同じ動作、同じ姿勢、同じ報告が続けられて行く。実に、厳正で、勇壮で、活撥なものだ。恐らく、前線へ行ってもこのと

おりに、報告の言葉が変るだけで、方式が守られるのであろう。

だが、私は報告の最初の××少尉とか、△△候補生とかいう名乗りを考えて、敢《あ》えてN大尉に訊《き》くまでもなく、彼等が飛行学生であることを知った。世間では「土・空」の少年飛行兵が、「霞・空」へ入隊するように思ってる向きもあるが、そんなことはない。この隊では、兵学校や機関学校卒業の中少尉、候補生で飛行学生を命じられた者と、一般の大学や予科を出た飛行予備学生だけを、教育するのである。そして、M大尉に報告して、続々、空へ飛び立って行くのは、前者に相違なかった。報告の態度や声が、キビキビしてるのは、江田島や舞鶴で、鍛えを受けたからであろう。

私は、ふと横山少佐のことを、憶い出した。少佐が候補生の時に、練習艦隊から帰って「五十鈴」乗組みを命じられる前に、一カ月余ほど術科講習に「霞・空」へ入隊した事実があるのである。少佐も一度は飛行服に身を固めて、あのように駆足《かけあし》をし、あのように報告をしたのであろう。それを思うと、私は続々として現われる飛行学生の若い顔、逞《たくま》しい顔、優しげな顔の一つ一つをよく覚えて置きたいと思った。できれば、姓名まで知って置きたいと思った。戦争の先きは長いのだから、あの顔々の中から、殊勲甲も、二階級陞進《しょうしん》も、新しい軍神さえも、現われるかも知れないのだ。いや、蓋然性《がいぜんせい》の問題ではない。きっと、そうなるのだと思っても、続々として現われる新しい顔を、眼底に捉《とら》える由《よし》もなかった。

温かいカルピスみたいなものが運ばれてきた。暫らくして、ひどく砂糖の利《き》いた紅茶が出た。私は歓待されるのかと自惚《うぬぼ》れたが、そうではなくて、これも一つの航空食糧なのである。私はお相伴《しょうばん》に与《あずか》ったに過ぎない。

「ここの教育は寺子屋式でね……」

M大尉が話しかけた。

M大尉やN大尉は飛行隊長であるが、その下に分隊士（中少尉）がいて、それが教官となり、五人を一組として受持ち、飛行作業を鍛《きた》えるのだそうである。飛行機に限って、多人数の団体教育は駄目で、手から手へ、心から心への個人指導が必要だそうである。だから分隊長や教官も、自然、情が移って、学生がひどく可愛くなり、一分でも長く同乗してやりたくなると共に、火花の出るほど、激しく叩き込む熱意も、湧いてくるそうだ。それに、教える主体は術であって、観念ではない。全般的なことをいってるよりも、機会教育である。生きた瞬間を捉えて、かくすべしと体得させる――

「急速に教え込めば、いくらでも早く上達しますがね。それじゃアいかん――飛行時間をかけて熟成しなけれア、本物にならんですよ。ウイスキーと、よく似てまさア」

M大尉はどうしても左利《ひだりぎ》きと、私は見当をつけた。

「実際、ゴマカシは効《き》かんです。いい加減な心構えの者は、教官が許しても、天が許さん。二、三年うちに、きっと事故を起す……」

と、同乗を終って帰ってきた一人の教官が、口を添えた。

「初めは皆、亀のような眼をしとってね――眼玉が動かんから、亀のようです。そして、首も動かん。それが、十五、六時間も乗ると、隼《はやぶさ》のようになってくる……」

その教官は、面白いことをいった。

私は考えた。「土・空」の練習生などと違って、学生達は娑婆《しゃば》からこの隊へ入ったのではなく、既に江田島あたりで長い海軍教育を受け、一人前の海軍士官なのであるが、よくあのように、一水兵であるかのように、服従の態度がとれるものと感心した。私は飛行学生というものは、同じ士官同士の教育だから、よほど自由な風があるかと想像したが、少くとも作業の間は「土・空」の練習生と大差ないようだった。海軍の軍紀の几《き》帳面《ちょうめん》さを、感じざるをえなかった。

「そうはいっても、私達も、みんなここの飛行学生出身でね――ここで教えることを『お礼奉公』といってますがね。自分が教える身になると、昔の教官の有難味《ありがたみ》がわかりますよ」

M大尉が、苦労人らしい口吻《こうふん》を洩らした。

そこへ、作業を終えた飛行学生が、続々と、駆け寄ってきた。

「××候補生、×号、離着陸同乗帰りました。燃料前鑵」

敬礼。大音声。側回。再び駆足《かけあし》――厳として、犯しがたい。たまたま、一人の学生の態度に弛《ゆる》みがあると、M大尉の眼がピカリと光った。

「君、兵学校を出とる者が、そんな……」

予備学生（二）

「次ぎの分隊へ行ってみましょう」

N大尉に促《うなが》されて、私は椅子を離れた。いまいたところは、飛行場の中心だとみえて、背合わせに、また別の分隊が飛行課業をしているのである。

草の上を歩きながら、私は「霞・空」の空気というようなものを考えた。隊門を潜《くぐ》る時から、「土・空」とだいぶ異《こと》なる印象を受けた。同じ練習航空隊でありながら、学ぶ者が少年と大人の差異があるせいでもあろうが、「霞・空」の方には学校臭い空気が少なかった。どこか気サクで、無拘泥《むこうでい》な感じだった。

「土・空」では、海兵団と兵学校の中間という印象を受けたが、ここでは、術科学校と実施部隊の境目のような空気を感じた。最初に逢《あ》った副官も、N大尉その他の教官も、一向、儀式張らないで、潑剌《はつらつ》たるところがあった。

「この隊では、教官がみんな若いですからね。そして、若い者の意見が、よく用いられ

ますから……」

そういうN大尉の顔も、青春の色が褪《あ》せてはいなかった。例えば潜水艦に比べれば、飛行機は陽性のものであるが、その明るさが、飛行科軍人に反映するのではないかと、私は推測した。

「実施部隊や空母に行けば、もっと明るくて、ザックバランですよ。この隊の比じゃありません」

それは、私にも、よく想像できた。

やがて、また吹流しがあって、黒板があって、丁字板のあるところへきた。そこの飛行隊長が椅子に腰かけ、報告を受けてるところも、前と同じことだった。私はN大尉と列んで、椅子に坐した。

「今度は、予備学生です」

との言葉を聞いて、私は俄《にわ》かに飛行服の学生達を注視した。この隊へくる前から、飛行予備学生に対する私の興味は強かった。

なぜといって、私は大学生生活なるものを知っている。そして、兵学校その他の海軍教育というものも、垣覗《かきのぞ》きをしている。私にとっては、この二つのものの結合が、相当困難なのである。近頃の学生は変ったというけれど、海軍生活はまた格別のものである。しかも、この隊における予備学生の訓育期は半年に過ぎない。それで彼等が、どの程度にものの役に立つか——というよりも、どの程度に海軍軍人になり得るかという点が、私の危懼《きぐ》であり、また期待でもあった。

「いや、そんな心配はありません。マレー沖海戦で、最初から最後まで、敵艦に接触して、完全に任務を果した偵察機は、部内でも評判になってますが、あれは予備学生出身なんですよ」

N大尉は、断乎として、予備学生の肩を持った。

「教育というものは、えらいもんだと、私は思うんです。諄《くど》くいわなくてもよくわかる——頭脳も、勘《かん》も、実に優秀な予備学生がいますよ。尤《もっと》も、そうでないのも、時々います。その開きが、大きいですが……」

予備学生（二）

「××予備学生、×号……出発します」

型の如き報告の態度を見ていると、眼つきといい、姿勢《しせい》といい、士官の飛行学生と変るところはなかった。ただし、報告の声が著《いちじる》しく内輪で弱かった。

「報告と号令だけは、予備学生の苦手《にがて》のようです」

N大尉も、それを認めた。大声で、ハキハキものをいう習慣は、大学生活中に殆んどないからであろう。といって、弁論部の雄がここへ入隊しても、あの方の度胸は、ちょっと役に立つまい。

だが、報告を除いては、彼等が立派な軍人になってることが、容易に推察できた。私は奇蹟を見る如《ごと》き気がした。

「最初はボヤボヤしていても、三月目ぐらいから、スッカリ鍛えられますね。それに、飛行学生に負けんという気持も、大いにあるでしょう」

予備学生も、元気盛りの青年であり、また事実として、大学運動部の猛者《もさ》が多いようだった。柔剣道の有段者などは、珍らしくはないとのことだった。

「一度、庭球が得意の予備学生が入ってきたから、お前はどのくらい巧《うま》いのだと訊《き》いたら、まず日本で一か二だというので、驚きましたね」

N大尉は、有名な庭球選手の名を挙げて笑った。

いろいろ話していくうちに、N大尉は、予備学生を受持つ飛行隊長の一人だとわかった。道理で、彼等に理解や同情があるわけだと思った。しかし、N大尉も兵学校出身でありながら、任務として予備教育を受持てば、こうも、肩を入れるものかと、面白く思った。

「海軍知識じゃ、飛行学生に負けても、精神や操縦においちゃァ、一歩も譲《ゆず》るな――といってるんです」

と、意気軒昂《けんこう》たるものがあった。

「みんな、知らないうちに、軍人精神を身につけるとみえて――こんな話があります」

N大尉の部下の、ある予備学生が日曜に上京して、電車の中で大学の旧友に逢った。その友人は、彼の親友で、かなり尊敬を払っていた男であったが、久振りで話してみると、対手《あいて》が暖簾《のれん》か蒟蒻《こんにゃく》のように、他愛なく、ダラシがなくて、ひどく失望してしまった。以来、その男と、言信をする気もなくなった――

「そんなに、変るですかね」

「初めのうちは、苦しがるが、しまいには、みんな、海軍に残りたがるです。一刻も長く、海軍にいたいといいます」

(矜《ほこ》りだな)

と、私は思った。

この間うちの大学生には、あまり矜りがなかった。矜りの種や機会がなかった。しかし、鬱屈《うっくつ》した青年の矜りが、こういう環境にきて、炸裂《さくれつ》しないでおかないのだと私は思った。なんといっても、青春は立派なものであり、大学生は有為《ゆうい》の材だと思った。さもなければ、僅かな期間で、軍人に伍《ご》して行けるものではないと、私は非常に頼もしい気持になった。

予備学生（三）

予備学生には、名家《めいか》の息子がよく入ってくるそうだが、いま入隊してるうちにも、海軍の最要職にある人や、前農相を父にもつ若者がいるようだった。上中流の子弟といえば、大学卒業後、外国へでも遊学して、文字どおり遊びを学ぶのが定石《じょうせき》だったが、昨年の一月以来、こんな立派な道が拓《ひら》けた。それまでも、予備士官の制はあったが、商船学校卒業生などに限られていたのを、一般の学園に門が開かれてから、急にその名が社会に親しくなった。

しかし、予備学生は運動家でなくても、勿論、名家の子弟でなくても、普通の健康と頭脳をもっていて、眼の悪くない学生なら、誰でもなり得るのである。

「土・空」の練習生とても同じこと、決して、世間で想像してるほど、窄《せま》き門ではない。海軍教育のことが、あまりに高く評価されて、却《かえ》って近づきがたい印象を与えてる感がなしとしない。

「お互いに、日本人ですから——なにも、特別な精神なんて、製造する必要はないじゃありませんか。すべては、日本人のもってるものの中から、喚《よ》び起せばいいんで、なんにもつけ加えることアありアしませんよ」

先刻、向うの飛行隊で、M大尉が巻き舌で述べたことは、大いに肯綮《こうけい》に当ってるのである。かれも人なり、われも人という諺《ことわざ》があったが、昨今の急なる情勢に於《おい》て、同じ言葉を「軍人」と置き替えることが、当然となった。大学生が入隊の翌日から短剣を釣る予備学生の制は、この問題に対する明快な解答であろう。

私は、飛行服の予備学生が、凛々《りり》しく活動する姿を見て、兵学校訪問の時とは別種の満足を受けつつ、N大尉と共に、その分隊を去ろうとした。その時、飛行服の一士官が、たまたま、私の姿を認め、挙手して、

「今日お出ででしたか」

と、声をかけた。

飛行帽の下に、黒々と日焼けした顔を、ちょっと弁別《べんべつ》に悩んだが、やがて、私は憶い出した。M予備少尉である。二年前には慶大の野球部選手だった。外野手で、あまり試合に出なかったから、世間に名は響いていないが、私の同業者T君の義弟にあたるので、以前から懇意《こんい》だった。他の選手を連れて、拙宅《せったく》へ遊びにきたこともあり、リーグ戦の招待券をいつも回してくれた。馴染《なじ》みの深い彼であるが、慶大卒業後、新制度最初の予備学生となって「霞・空」に入り、更に九州の航空隊に勤務したが、少尉に陞進すると共に、ここの教官になっていることを、聞いていたのである。そこで、訪問の前に、通知は出して置いたのだが、こんなに早く面会しようとは思わなかった。

「立派になったね」

私はお愛想抜きで、そういった。

M予備少尉

M予備少尉は、やがて飛行服を脱いで、艦内帽を頂いた姿を現わしたが、その様子がすっかりイタについてるので、驚かされた。以前から色の黒い男だったが、黒さに磨きが掛って、上等の碁石《ごいし》のような色になった。巌丈《がんじょう》で、精悍《せいかん》で、これが慶応ボーイの成長かと、呆気《あっけ》にとられた。尤も、慶応ボーイというものは、世間で想像するより地味なものだが、地味なりに勇気を蓄《たくわ》えた彼の面魂《つらだましい》が、海軍の持ち味と一致していた。

「私の外に、もう一人、塾を出た者が教官をしています」

M予備少尉は、誇らしくそういった。彼は分隊士とし、教官として、五人一組の予備学生を受持ち、自らの経験を叩《たた》き込《こ》んでいる。予備学生の教官に、予備士官を配するのは、確かに良策と考えられた。予備学生の短所も長所も、充分に心得てるから、訓練の効率が挙る道理である。そして、その上の束《たば》ねをする指導官は、生《は》え抜《ぬ》きの海軍士官であるから、万遺漏《いろう》なき組織である。たまたま、N大尉がM予備少尉の属する飛行隊長と聞いて、縁深きを感じた。

M予備少尉は、その晩、土浦の私の宿へ訪ねてきて、いろいろ話をしたが、現在の生活にも、予備学生時代の回顧でも、極めて愉快そうに語った。学生に操縦を教える時は、対手《あいて》かわって主かわらずで、教官は時間中乗り続けるから、クタクタに疲れるが、気持は非常に幸福で、野球コーチの比に非ずということだった。なぜ、気持が幸福なのか、彼は説明もしなかったが、私にいわせれば、仕事に「ハリ」があるからだろう。その「ハリ」がどこから出てくるかは、説くまでもないことだ。

彼の話では、予備学生の軍装は、候補生服に準じてるようだった。上着の裾《すそ》がやや長く、腕章の結び蛇の目の山が、やや角度を急にしただけのようだった。私の大好きな候補生に似た軍装を、入隊と共に着用する彼等を、幸福と思った。

それから、予備学生舎内の生活も、江田島と同じように自啓《じけい》自律で、学生長、当直、諸当番などの責任者も、彼等のうちから選出するのである。また学生舎には、従兵を配されている。蓋《けだ》し、彼等が候補生待遇である所以《ゆえん》であろう。彼等は兵ではないから、酒保に足を入れるわけにいかぬが、汁粉や饂飩《うどん》が食べたくなれば、従兵をして、学生舎食堂に運搬《うんぱん》せしむるのである。煙草も、兵学校では禁制だが、予備学生には許されてる。

私はM予備少尉に久振りで逢《あ》って、一人の大学生が、一人の海軍士官になった姿を、マザマザと眺めることができた。学窓から戦場への道を、ハッキリと見た気持がした。現下の大学生は、この道が開通して、モダモダした岐路《きろ》を迷わずに済《す》むから、サッパリしたろうと思った。

とにかく、M予備少尉は、愉快そうだった。明らかな「誇り」が彼の黒い顔に輝いていた。彼の母も、姉も、満足してることを、私は伝え聞いている。

飛行機乗り（一）

飛行学生でも、予備学生でも、飛行作業は変らぬらしい。軍事学と海軍知識にかけては、江田島や舞鶴の出身者に、格段の長《ちょう》があるのは無論だが、それだからといって、飛行機操縦の進歩も早いというわけには、参らぬらしい。操縦は別物であって、両者仲よく轡《くつわ》を並べて、技を練ると見るのが至当であろう。

教官同乗で、滑走、離昇《りしょう》、水平飛行、旋回《せんかい》、上昇、降下、降着――と、順序は違うにしても、それらの初歩作業を習う。後席に乗ってる教官が、例の間接に手を取る式の練習機の構造によって、操作操縦を教えるのであるから、学生の心が静かなら、教官の指導が、いちいち手先き足先きに伝わってくる筈《はず》だが、慣れない空中へ昇ると、文字通り「上って」しまって、われ知らず糞力《くそぢから》を出して困るそうである。撞球の初心者なども、上手《じょうず》から揶揄《やゆ》される。キューを柔かく握る原則は、よく心得ながら「玉つきには惜しい力だ」などと、から揶揄される。操縦とても同じこと、腕力で飛ぶわけでもないのに、必死と操縦桿に力を籠《こ》め、ついにあの太い鉄の棒を曲げてしまった「勇士」もあるとのことである。しかし、そんな場合に、教官が伝声管で注意をしても、当人が無我夢中だから、聴えよう道理もなく、且《か》つ、発動機の音も激しい。そこで、「飛行鍛錬棒」というものを用いて、後席から教官がポカリとやる。厚い飛行服の上からでも、相当痛いから、ハッと気がつく。途端に、教官から常々いわれた注意を憶《おも》い出《だ》して、操縦桿《そうじゅうかん》を握り直すのだそうである。

初歩の操縦者には降着が一番むつかしいそうだが、それは機と地面との距離の測定が、なかなかできないからだという。適当な高度から、適当な気速と姿勢をもって接地する——と、口でいえばスラスラだが、眼と頭と手と同時に働いて、瞬忽《しゅんこつ》の機を摑《つか》むのだから、要するにこれは「勘」である。初歩のうちは、眼も前面しか利かずに、横を飛んでる飛行機など一切見えないが、熟練してくると、後方に現われた飛行機まで、わかる由《よし》だ。うしろに眼がある道理はないが、やはり、これも「勘」である。

「しかし、いよいよ単独飛行となったら、学生は嬉しいでしょうね」

私はN大尉に訊いた。

「ええそれは、前の晩眠れぬくらい、嬉しがりますが……」

大尉は、一応、肯定《こうてい》してから、興味ある事実を述べた。

最初の単独飛行の時には、その標識として、機体に吹流しをつける。それから、教官席にバラストというものを積んで、機の安定をはかる。

そして、彼等は初めて自分一人の力で、空中へ飛び出し、その喜びを満喫するのだが、今までの癖で、つい、後方の教官席を振《ふ》り顧《かえり》みる。

「その時、俄《にわ》かに寂《さび》しくなるそうですよ。後席に、吹流しだけが、ヒラヒラしていて……」

飛行機乗り（二）

「霞・空」の空気が「土・空」とだいぶ違うということは、前にも述べたが、それは、ここの学生が既に大人であることの外に、飛行機の実習を行うことが、影響してると思う。「土・空」ほど学校気分が濃くないのも、その点に関係がありはしないかと思う。

海軍では「潜水艦乗り」だの「飛行機乗り」だのという平語をよく用いるが、その飛行機乗りの気分なり、気概なりは、もうここの学生の胸に、可愛らしい芽を出してるように思われる。

とにかく「予科練」の少年達は菓子袋を貰って喜ぶが、ここでは航空食糧というものが与えられる。実際、空中の訓練を受けるのだから、疲労恢復《かいふく》のために、そういうものの必要があるのだろう。私もそのうち二種を試食させて貰ったが、その一つは、昔「変り玉」と呼んだ菓子《かし》とよく似ている。固い小球を舐《な》めてると薄荷糖《はっかとう》のような味がするが、急に腥《なまぐさ》くなる。肝油でも入ってるのだろう。もう一つの方は、ヌガーのような形で、キャラメルのような味で、良薬にして頗《すこぶ》る口に甘きものである。

そして、心の糧《かて》の方も、「飛行機乗り」のあらゆる実践《じっせん》に対して、用意されてるようだ。操縦員の守訓というものがあって、戦闘の本領から、飛行軍紀、責任観念、搭乗員気質の修練——その他、多くの要綱を含むものらしい。勿論、その基礎は、御勅諭五箇条と、帝国海軍の使命と伝統にあるが、「飛行機乗り」の専門的な本分に亙ってることも、いうまでもないことだ。例えば、独断専行ということなど、むしろ義務とされてるところもある。飛行という行動は、万事が「待ったなし」であるから、情況の変化によって、指揮官の命令を仰ぐ遑《いとま》のない場合が多い。機宜《きぎ》の処置は独断専行に俟《ま》たねばならない。尤も、純真無垢《むく》な心境を以《もっ》て、指揮官の意図を忖度《そんたく》して後の独断専行であるそうだから、なかなかむつかしい。このことに限らず、なにかにつけて「飛行機乗り」は平素の鍛錬と心掛けが、ものをいう由《よし》である。事前の充分なる研究、二段三段の心的物的対策の周密なる準備、正鵠《せいこく》なる航空常識の涵養《かんよう》、諸教範《きょうはん》の飛行諸原則の遵守《じゅんしゅ》——そして、それらを第二の天性たらしめ、「思わずして至り、言わずして達する」の境に、もって行くのだそうである。そこまで達すれば、もう「術」ではなく「道」であって、操縦も立派な武道であるが、実際、丹田《たんでん》に力を入れろという如きことを、よく、教官が学生にいってるようである。この点、チュウイン・ガムの如く機械的に大量生産されるアメリカ飛行学生と、ちと段がちがうわけである。しかし、戦争であれば、チュウイン・ガムを対手とせざるを得ないが、質はこっちのものとしても、量においてもヒケはとりたくない。

最後に私は「飛行機乗り」の標語というものを、二、三教えて貰った。

「腹で操《あやつ》れ操縦桿」

「いつ乗る時も最初の操縦と思え」

「技倆一杯《いっぱい》操るな」

「無理なく無駄なく油断《ゆだん》なく」

人生の方にも、応用が利《き》きそうな気がした。

実戦談（一）

別室の小食堂で、副官とN大尉と三人で、食事をしたが、私の席には金八十五銭也という従兵長の請求書が置いてあった。どうも「霞・空」はサバサバしている。この方が、どれだけ、こちらの気がラクだかわからない。

食後に、N大尉に向って、いよいよ約束の履行《りこう》を求めた。ハワイ攻撃の話を、なかなかしてくれないからである。大尉も遂に免《まぬが》れざると知ってか、頭を掻《か》くような恰好《かっこう》をしながら、廊下のポーチのような所へ、私を導いた。そこは、人通りは多いけれど、通過するだけで、誰も決して傍《そば》へ寄って来なかった。

「度々、話すもんだから、同じ話になっちゃって……」

N大尉は、戦前の訓練のことから、話し始めた。いやが上に、錬度を上げる目的だったので、毎日、家を出るのが午前五時、帰宅が夜の十時だった。ほんとの月月金金で、休日を知らなかった。

「天長節の遥拝だって、飛行服を着たままだったくらいで……」

しかし、その猛訓練中、不思議なほど、事故がなかった。緊張に事故なしというのは、まったく事実だと知った。そして、技倆に対して自信が生まれ、もうやるだけのこと、研究するだけのことを、し尽したという感じが、胸の底に潜んでいたそうである。そしてある朝ふと眼を開くと、艦は太平洋の真ン中に出ていた。

「いよいよと思いましたね。そして、おれは、十二月八日のために生まれてきたんだと、ハッキリ感じましたよ」

荒天で、発艦できるか否かは危《あやぶ》んだけれど、着艦の方は、問題ではなかった。着艦などを考えるのは、贅沢《ぜいたく》だと思った――

N大尉は第二次攻撃に参加して、ヒッカム飛行場を叩《たた》き潰《つぶ》した人だが、敵地へ行く途中に第一次攻撃隊から、奇襲の成功と、防禦《ぼうぎょ》砲火ある旨《むね》の無電を受けて、武者振いを感じてると、雲の切れ目に、白く光った海岸線が見えた。そして、真珠湾の空に、大空中戦が演じられてるような光景を、遠望した。N大尉は万一の場合を考えて、腰のピストルに手を触れてみた。ピストルは健在――しかし、敵機はいなかった。

「高射砲弾の煙りが、そう見えたんですよ、ハッハ……」

真珠湾上の空は、気流が悪かったが、当らん弾は落さん――そういう自信のもとに、落ちついて、照準を定めた。だから、よく当った。こっちも、撃たれた。二、三回、ひどくモチ上げられた。きな臭い匂《にお》いが、機中に漾《ただよ》った――

だが、大尉の隊は、全機無事に、自分の艦へ帰った。遅い午飯に、すてきなご馳走が出た。しかし、何だか気抜けしたようで、口をきくのも面倒で、すぐ眠ってしまった――

「感激したのは、マレー沖の戦果の無電が入った時でしたよ。あの時は、涙が出ましたね」

軍人の気持だなと、私は思った。

実戦談（二）

「霞・空」の教官は実戦の勇士が多いと、聞いていたが、N大尉に代って、午後の案内を受持たれたM・T大尉も、その一人だった。

「M・T大尉は、ハワイ最初の雷撃にいったんですよ。とても話題を持ってますから、詳しくお聞きなさい」

N大尉は、M・T大尉を私に紹介しながら、わが任務畢《おわ》れりという風に、姿を消してしまった。

「N大尉がいろいろ話したでしょう。私は、あまり話すことがないです」

と、M・T大尉も亦《また》、手柄を話したがらないが、そういう声は低く、顔に花嫁の如き含羞《はにかみ》があった。小柄で、撫《な》で肩《がた》で、見るから優しい人である。その優しい人が、真珠湾を滅茶苦茶にしてきたのだから、油断がならない——

「砂糖畑の上を、スレスレに飛んで、湾内に入ると、すぐ敵艦が見えましたよ、迷彩《めいさい》してましたがね。戦艦に向って魚雷を落して、避退しながら、『走ッとるか』と訊いたら、『走ッとる』というので、いくらか安心しましたが、そのうち、水柱があがりました。〇〇メーターぐらいあがりましたかね。あの高さは、見る人によってちがうけれど……。水柱を見たら、重荷が下《お》りたような気持で、スーとしただけです。万歳どころじゃないです」

M・T大尉の実戦談は、それが全部だった。なんというアッサリした手柄話だろう。これほど、功を誇らない話し振りもないものだ。

「戦争の前に、女の子が生まれましてね。女の子でも、子供ができたのだから、それで心残りはないと思ってね。遺書も書きませんでしたよ」

いよいよ、淡々たる話し振りである。

「飛び出す時には、新しいシャツに着替えて、姉から貰ったチョッキを二枚着ましたよ。その一枚は仏印で戦死した弟に、姉がやるはずだったのが、間に合わなかったのです。

まア、弟の分も働くつもりでね……。マフラも、私の持ってる一番いいのにしました。白絹ですが、孫子の『正ヲ以テ合シ、奇ヲ以テ勝ツ』を書いたのを……」

話していくうちに、M・T大尉は佐賀県の産であることがわかった。九州人を粗暴と思う人もあるが、M・T大尉の温厚さも、一つの九州型であることを、私は知ってる。また、温厚型の軍人が、戦場で豪胆《ごうたん》無比の働きをすることも、私は聞いている。私は優しいM・T大尉の顔が、真珠湾の空で、どんな凄い表情をしたかを、想像してみた。

最後に私はM・T大尉の乗艦の艦長であった加来少将の話が、聞きたくなった。

「立派な方でしたね——非常に信念が強く、情味の深い方でした。虎の画や、不動の画を、よく部下に下さいました。私も頂きました。いよいよとなった時に、全員を集められて、勅語と、山本長官の命令をお読みになりましたが、とても、音吐朗々《おんとろうろう》の声で、そして、ものを読む時に眼鏡を外《はず》す癖を、その時もおやりになったです……。あの艦《ふね》は、一番働いた艦で、一番武運の強かった艦なんですがねえ……」

M・T大尉の声が、曇った。

上の人

N大尉といいM・T大尉といい、ハワイの空で、あれだけの大戦果を挙げてきた人が、私の眼の前にいて、私と話すということが、なにか不思議に思われた。顔つきも話し振りも、普通の人と一向変らず、私もそれに狎《な》れて、友人と話すような気持でいたが、ふと、この人はハワイをやっつけてきた人なのだと、気がつく時もあった。そういう人に隊内案内などさせるのが、済まない気持にもなった。

「では、飛行場へ行ってみますか。午前のとおりで、別に変ったこともありませんが……」

M・T大尉は、気軽く私を促《うなが》した。

また自動車に乗って、飛行場へ行った。午前に座学のあった分隊が、午後は飛行課業をやるらしかった。午前も午後も、ブッ通しということはないようだった。

「日曜と土曜午後の休みは、絶対必要ですね。急速養成じゃ、立派な飛行機乗りはできませんよ」

と、訓練をウイスキー醸成《じょうせい》に譬《たと》えたM大尉の言葉が、思い出された。

私はまた折畳椅子《おりたたみ》に腰かけて、課業を見ていたが、そのうちに、軽い眩暈《めまい》を感じた。昨日全日の「土・空」見学と、今朝の四時半起床の疲労が、ようやく体に応《こた》えてきたらしい。考えてみれば、「土・空」と「霞・空」とを一挙に見学しようというのは、慾が深いのである。私は、他日を期そうと思った。

「学生舎を、外から見せて頂いて、それで、今日は帰ることにします」

私は大尉にいった。

学生舎は、本部の近くにあった。私はコンクリートの通路を、大尉の後について行くと、前方を、デップリ肥《ふと》った軍装の人が、二、三の普通人を連れて、こちらへ来る姿が見えた。

「司令官ですよ」

大尉の声に、私は驚かされた。やがて、大尉は直立して敬礼し、次ぎに私を紹介してくれた。

「そうですか……よウく、隊内を見て下さい」

重い、幅のある声だった。私は司令官が私のことを知っておられたのを、勿論嬉しかったが、それよりも、次ぎの光景に心を奪われた。司令官が、知己《ちき》か親戚《しんせき》であろう訪問客に、晴れ晴れと、M・T大尉を紹介したのである。

「ハワイ第一次攻撃の勇士ですよ」

「ほう。そうでございますか」

訪問客は忽ち眼を輝かして、大尉を眺めたが、その時、司令官は大尉の肩に手を掛け、引き寄せるような動作に移った。巨大な司令官の前に、小柄な大尉の軀《からだ》は一層小さく見え、胸のあたりに顔がいって、母親のオッパイを吸ってるような形になった。

私は腹の底から微笑すると共に、なにか涙ぐましい気持になった。これが、海軍上下の繋《つな》がりかと思い、また「霞・空」の空気かとも思った。

私は疲れを忘れて学生舎を一巡し、それから、副官に辞去の挨拶をするために、本部へ行った。

爆音

隊門を出たのは、まだ三時頃で、東京へ帰ればわが家の晩飯に間に合うと思ったが、心身綿の如く、どうにも余力がなかった。私はバスに乗って、土浦市中へ帰り、松庄旅館へ飛び込むと、服も脱《ぬ》がないで、座敷に大の字になった。

旅館の静かな時刻だった。庭から筧《かけい》の水音が聴えた。泉水があって大きな紫の鯉が泳いでいるのだ。私は臥《ね》ながら、茶を飲んだり煙草を喫《す》ったりして、水音に心を澄ませた。

そのうちに、旅館の上空あたりに、飛行機の音が聞えた。私は旅の者だから、あの音が耳に入るのであろう。土浦の市民は、早朝から日没まで、不断に聞き慣れてるにちがいない。音だけ聞いてると、まるで前線基地にいるようだと、昨日の朝、偶然同宿した従軍記者が私に語った。

私は二日間に亙《わた》った見学のことを思い、少年飛行兵を思い、予備学生を思い、それから飛行機という兵器と、土浦滄桑《そうそう》の変《へん》まで思い及んだ。三十年前には無に等しかった飛行機が、なんという威力をもったことか。問題を海軍に限っていうが、あのプリンス・オブ・ウェールズが沈んだ瞬間は、いかにどえらい瞬間であったか。

私など素人《しろうと》が、なにをいっても仕方がないが、そして、素人であるお蔭で、戦艦偏重論者でも、飛行機万能論者でもないのだが、今度の戦争で、飛行機という兵器が、どんな役割を演じたかを、シミジミと、感じずにはいられないのである。すべては、今度の戦争で知られたことである。飛行機の力を最も知っていた人も亦《また》、驚いたに相違ないのである。

私は「土・空」の朝礼を見て、夥《おびただ》しい白服の数に眼を瞠《みは》った。しかし、あの数を五倍にも、十倍にも要求してるのが、いまの現実であろう。そして、私はまた、「霞・空」の学生の頼もしい姿に感動した。だが、あの阿見の草原を、予備学生で埋め尽さなければ、現実は満足しないであろう。

予備学生の問題は、特に私の頭に残った。水泳でなく、野球でもなく、日米の学生が究極の勝負をする。意力、智力、体力の総和が、空の戦闘でギリギリに顕現《けんげん》されるとすると、これはもう日本の教育とアメリカの教育との戦いだ。今度の戦争は、そういう段階まできたのだ。かくなればこそ、勝たねばならない！

私は二日間の見学の結論を、旅館の障子《しょうじ》を震わす爆音のうちに聞いた。

（昭和十八年五月二十日～七月六日『朝日新聞』）

海軍潜水学校

帝国潜水艦魂

呉《くれ》市の外《はず》れの崖下《がけした》の細い道を、自動車が走って行くと、番兵の詰所があった。海軍の番兵は、ちょっと凄味《すごみ》のあるものである。

「潜水学校へ参ります。電話で、副官のご承諾を得ています」

同行の人が、車中から挨拶した。

「よろしい」

自動車はまた動き出したが、間もなく、突き当りの校門の前へ駐《と》まった。

海軍のあらゆる建物の構内は、常にそうだが、門を入ると、箒目《ほうきめ》の立つほど清掃され、庭園風の広場に、石だの、花だのがあった。そして僕の眼に、陸揚げされた潜航艇と、その前に設けられた小さなお宮とが、映った。

(あ、これが、有名な、潜水艦神社だな)

前から聞いていたので、すぐわかった。僕は、万事は案内を受けてからだと思って、脱帽しただけで、そこを過ぎた。

玄関で、刺《し》を通じると、副官のK少佐の部屋《へや》へ案内された。

白木綿《もめん》のカーテンで仕切った、質素極まる部屋だった。そういえば、江田島《えたじま》の兵学校の宏壮さに比べると、建築がよほど粗末で、敷地も狭そうだった。

「校長は上京中ですが、教頭がお目に掛かります、ご一緒に食事をしながら……」

小柄《こがら》で精悍《せいかん》な副官の少佐は、キビキビとそういった。僕も、海軍の学校へ飯時に押し掛けるほど、図々しくないが、十一時半に来るようにお達しがあったから仕方がない。

恐縮しながら、二階の明るい食堂へ行くと、教頭のI大佐初め、士官諸氏が、ズラリと卓を囲んでいた。僕は教頭の前の椅子《いす》に、招かれた。

挨拶《あいさつ》が済《す》むと、早速《さっそく》、コールド・ビーフとサラダの皿と、厚いトースト・パン二片が、水兵さんの手で運ばれた。

「早速ですが、潜水学校独得の教育というか、潜水艦乗りの魂《たましい》というようなものが、きっとあると思うのですが……」

僕は無躾《ぶしつ》けだったが、パンを頬張りながら、伺《うかが》った。

小肥《こぶと》りの赭顔《あからがお》を綻《ほころ》ばせながら、I大佐は落ちついた声で、

「そうですなア……あなたは、階段の上に掛けてある額を、ご覧にならんでしたか」

といわれて、僕は返事に困った。それを見たことは確かだが、不覚にも、文字を読み落したのである。

「質実剛健、堅忍不抜、沈着機敏、明朗闊達《かったつ》――この四つがそれに当るでしょう。少くとも我々は、常にそうあることを、心掛けているのです」

という大佐の言葉を、僕は心で嚙《か》みわけてみた。「堅忍不抜」も、「沈着機敏」も、潜水艦乗りの任務を考えれば、ピンとくるのだが、最後の「明朗闊達」が腑《ふ》に落ちなかった。

「それはね、実際、潜水艦に乗ってみないとわからんことですが、なにしろ、あの狭いところで、陽の目も見ずに、一月も二月も、暮してご覧なさい。人間の気持がどうなるか……」

僕は、ハッと思った。雨天が二日も続くと、われわれはすぐ憂鬱《ゆううつ》だのなんのというが、永劫《えいごう》の夜の艦内に、数カ月も閉《と》じ籠《こも》る人々が、朗《ほが》らかな笑いをもって任務に当るには、どれだけ大きな精神力と、鍛錬とが要求されるかと、考えずにいられなかった。

潜水艦乗組員の労苦は、昨今、よく世上に紹介されるから、ここには述べないが、とにかく、艦長は若くても、必ず白髪《しらが》が生え、士官や水兵の潮焼けした顔が、俳優の素顔《すがお》のように蒼白《あおじろ》くなることだけは、いって置きたい。

「しかし、そう苦しいことばかりでもないですよ。艦内生活の和気《わき》藹々《あいあい》は、潜水艦の特長でね。ほんとの水入らずの家族――食べ物だって、艦長も水兵も同じ物というのは、潜水艦ばかりでしょう」

永らく潜水艦生活をしたI大佐は、「明朗闊達」そのものの顔色だった。

それから、僕は本校の沿革《えんかく》や内容について伺った。

日本唯一《ゆいいつ》の海軍潜水学校ができたのは大正八年で、最初、厳島《いつくしま》にあったのが、大正十三年に現在の場所に移った。生徒には、学生と練習生の二種があって、前者は少佐から准《じゅん》士官までの青年将校——つまり卒業後は、潜水艦長や水雷長や機関長となるべき人々である。練習生の方は、術科学校の普通科を卒業した特修兵のうちで、体格技倆優秀なるものを選抜したもの——将来潜水艦乗組員たるはいうまでもない。従って一等水兵、二等水兵の古強者《ふるつわもの》ばかりだが、中には志願兵の若武者もいる。とにかく練習生（兵員）が大部分で、学生（将校）の数がそれより少いのは、軍艦と同じことで、本校の全体を、大きな潜水艦と看做《みな》すことも、不合理ではない。また、校舎の貧弱なことも、実は教育の方針が机上よりも実践《じっせん》を主とするからで、校外に広い「海の教室」があるからである。軍艦、駆逐艦《くちくかん》、潜水艦等、多数の艦艇が本校に配属されてることを知らねばならない——

大体、そういうお話を伺ってから、

「では、校内をご案内しましょう」

と、K副官に促《うなが》されて、僕等は、I教頭に一礼してから、席を立った。

「兼」と「機械」の生活

軍港から吹いてくる微風に、頰《ほお》を吹かれながら、僕等は構内の各所に立った作業実習室を見学して歩いた。

操舵室《そうだしつ》、排注水室《はいちゅうすいしつ》、機関室——その他の実習室は、潜水艦内のその部分の実物を備え、作業服を着た練習生が、熱心に実習を行っていた。練習生の体格を見ると、いずれも逞《たくま》しい強者揃《ぞろ》いで、潜水艦は狭いから、小男を選ぶだろうなどという常識は、見事に裏切られた。

ところで、彼等の作業する機械であるが、正直なところ、僕にはサッパリわからないのである。操舵《そうだ》のところでも、舵取《かじと》りは一人と相場がきまってると思ったら、三人も四人も必要なのである。なるほど、潜水艦は普通の船のように、左右に動くばかりでなく、上下にも浮沈するのだから、その方の舵が必要にきまってるが、さてその関係がなかなかむつかしい。それと、水と空気の排注との関係となると、いよいよむつかしい。

「いいですか、つまり、潜舵《せんだ》と横舵《おうだ》とは……」

と、親切なK副官は、地面へ小石で図を描いて、細々《こまごま》と、原理を説明してくれたのだが、わかったようで、サッパリわからない。

「いや、どうも……」

漠然たる挨拶をして、僕は、ディーゼル機関室も、電動機室もソコソコに通り過ぎた。

そのうちに、僕にもわかる場所へきた。練習生の校舎である。建築は田舎の国民学校と変りはないが、練習生の居室に当てられた大きな室に、特徴があった。粗末な室が、実にキチンと片づいている。靴函《くつばこ》には、同じ間隔で、キチンと靴が置いてある。その後に、よく磨かれた小銃が、キチンと列《なら》んでいる。そして異風なのは、漸《ようや》く手の届く高さに、厳丈な棟木《むなぎ》が、室を幾つにも区分してある。

「これは、なんですか」

「帽子掛兼釣床掛です」

副官の言葉のとおり、棟木には丈夫な鉤《かぎ》が打ってあったが、そこへ、練習生達がハンモックを釣って眠るとは、些《いささ》か驚いた。

「すると、この部屋は？」

「居室兼寝室兼食堂兼教室にもなります」

あまり「兼」の字が列ぶので、僕は呆《あき》れた。見れば棟木と棟木の間には、簡素な板のテーブルと腰掛が、それぞれ置いてあるが、練習生はその上で飯も食い、講義も聞き、また故郷へ手紙を書くのであろうか。

なぜ、こんなに「兼」が多いかの理由は、副官の説明で、間もなく解けた。日本の軍艦はアメリカあたりとちがって、居住性ということを犠牲にして造られるが、潜水艦では特にそれが烈しい。住み心地などはどうでもいいから、戦いに勝つために、あらゆる機械や兵器に、場所を譲るのである。潜水艦内の生活とは、つまり、時計機械の中に人間が住んでるようなものである。食堂だの寝室だのと、贅沢なことをいっていられない。そういうものは、一切合財、「兼」である。そこで、艦内生活の下地をつくるために、この兵舎も「兼」なのである――

その後で、炊事場《すいじば》を見せて貰ったが、そこにも、潜水艦内と同じように、電熱炊事の設備があった。そして、海軍特有の軽金属製の碗、皿、茶碗が、列んでいた。

また、校庭へ出ると、練習生が勇ましい海軍体操をやっていた。この学校では体操とスポーツを特に奨励しているそうだが、体操の動作のキビキビしてることは驚くばかりだった。隆々たる筋肉の手を見ていると、あの手が、やがて太平洋の南か北で魚雷を発射するのかと、眼を瞠《みは》らないでいられなかった。また、キビキビした動作を見ると、その神経が、敵の巨艦の位置を、逸早《いち》く聴音器で聴きつけるのかと、聯想しないでいられなかった。

僕は練習生の生活を、大体見せて貰ったが、学生（将校）が如何なる勉強をするのか、それは部外の者の知るべきことではなかろうと思って、敢《あ》えて見学を求めなかった。

だが、K副官に用事ができて、代って案内をして下さることになった人は、甲種学生のM大尉だった。

紹介をされた途端に、僕はM大尉に好意を感じた。無髯で、眼の優しい、見るから柔和な士官だった。そして、僕は些か海軍軍人と交際した結果、こういう型の軍人こそ、実戦で最も勇壮な働きをするということも知っていた。

「これが、遭難時の脱出教練の水槽です」

と、M大尉は、校庭の異様な塔を指した。潜水艦が沈んでも、乗組員が酸素吸入機と錘《おもり》をつけて、海の中から水面へ脱出できるのである。また、電話機をつけた浮標で、海上に遭難を知らせる設備もあるのである。六号艇時代とちがって、潜水艦の危険も、よほど緩和されてきたらしい。

それから、M大尉は、海岸に繫留してある練習潜水艦へ、案内してくれた。

「頭をブッつけないように、気をつけて下さいよ」

僕の図体を見て、M大尉が笑った。ハッチの鉄梯子《てつばしご》を降りて、艦内へ入ると、ムッと空気が澱《よど》んで、電燈がついていた。

艦内隈《くま》なく案内された印象を、僕はなんと説明していいか知らない。とにかく、到るところ、機械、機械、機械——それぞれの機能の説明を聴いてるうちに、頭が混乱して、気が狂いそうになった。発電所や、重工業工場などを見学したこともあるが、こんなに機械の圧迫を感じさせるところはなかった。まったく、機械の間隙に人が住むのである。無駄な空間は一寸平方もないのである。艦長のベッドの上まで、機械がハミ出してるのである。

「やア、驚いた……」

僕は、士官室へきた時、ホッと呼吸をついた。その室もまた「兼」ずくめで、居室兼通路であり、食卓が寝台であり、腰掛も寝台であり、その下が物入れとなり――三畳敷ぐらいの部屋に、六、七人の士官が起臥《おきふし》するのである。

サテサテ、気の詰まることかな――と思って、部屋の中を見回すと、縦横に這《は》う鉄の管の間に、粛然《しゅくぜん》と、神棚が安置してあった。榊の色が、真ッ青だった。

花咲くまで

いよいよ、最後の潜水艦神社と六号艇を参拝するために、校庭を横切る時に、M大尉が僕に語った。

「今度の戦争で、やっと潜水艦の力が世に認められましたが、それまでというものは……」

ほんとに、そうだった。潜水艦乗組員のように、ワリの悪い仕事はなかった。早い話が、国民の八、九割は飛行機を見た経験をもってるだろうが、潜水艦の姿を知ってるものは、一割もないのではなかろうか。それだけ、潜水艦は、世人に認められず、親しまれなかった。それなのに、雌伏《しふく》四十年間、潜水艦乗りの苦闘と猛訓練は言語に絶するものがあった。潜水艦の歴史は、汗と涙の歴史である。

明治四十三年の佐久間大尉の六号艇を初めとして、大正十三年の四十三号艇、昭和十四年の伊号六十三号、十五年の伊号六十七号、十六年の伊号六十一号等、主なる遭難事件だけでも、それだけあるが、いずれも、猛訓練中の出来事だった。或《あ》る艦《ふね》は水上艦と衝突し、また、ある艦は冒険的な実験のために、沈没した。また、伊号六十七号のように、沈没箇所が大凡《おおよそ》の見当がついてるだけで、氷のように冷たい深海の底に、永遠に葬《ほうむ》られているものもある。

反対に、佐世保港外で沈んだ四十三号艇のように、場所はすぐ発見されても、急潮のために引き揚げが遅れたこともあった。

しかし、そのとき、艦外に聴き得た最後の声は、「天皇陛下万歳！」の三唱であり、一カ月後に引き揚げられた遺骸は、殆んど全部が遺書を懐中し、一糸乱れざる最期《さいご》が証拠立てられた。

それが、つまり潜水艦魂の発露であるが、一体、どうして、かくも、すべての殉難者が、立派な精神と沈勇な態度をもっていたか――その原因を索《たず》ねると、第一回の遭難者、佐久間大尉以下が完璧の範を垂《た》れたからである。何事も、第一歩が肝要であるが、帝国潜水艦魂は六号艇で始まり、六号艇で定まったのである。その意味からいって、六号艇の前に、潜水艦神社が安置されるほど、至当なことはないのである。

六号艇が瀬戸内海の新湊《しんみなと》沖で遭難したときには、約二日後に引き揚げが成功したが、当時の幼稚な潜水艇の設備から推して、もう、生存者があろうとは思われなかった。ただ第一回の潜水艇遭難として、乗組員の死に方が如何であったろうかということが、当事者の胸に潜んだ大きな憂慮だった。

というのは、その少し前に、某国の潜水艦の沈没事件があって、その時の乗組員のあまりにも浅間しい事実が発見されていたからである。司令塔の昇降口《ハッチ》に折り重なって、脱出を争った乗組員が、傷だらけになった屍体を残していたのである。

他人を傷つけても、自分の一命が助かりたい――そんな恥ずべき精神を、よもや、わが海軍軍人がもつ筈《はず》はないと、心には思っても、なにしろ最初の遭難事件である。六号艇を浮上させて、第一に艇内に入った士官の心は、どんな祈りに満たされていたか、想像にあまる。

その士官は、狭い艇内を懐中電燈の光りで一巡すると同時に、大声を揚げて、泣き出してしまったのである。

佐久間艇長は司令塔に、長谷川中尉、原山機関中尉は、いずれもその部署に、下士官水兵に至るまで、舵手は舵席に、水雷手は発射管室に――最後までその職務を守り、従容《しょうよう》として死に就いたことがわかったからであった。

なんという見事な、軍人の最期であったろう。

しかも、艇長のポケットから発見された一通の手帳は、その見事な最期を、十倍にも輝かせるものだった。

一体、六号艇遭難の原因は、速力を増すために電動機を用いず、ガソリン機関で（当時の潜水艇はガソリンを燃料としていた。現在は重油のディーゼル機関）半潜航を試みてるうちに、通風筒から浸水を来したのである。その貴重な実験のために、遭難したのである。

それなのに、艇長の遺書は、次ぎの如き文句で始まっている。

「小官ノ不注意ニヨリ、陛下ノ艦ヲ沈メ部下ヲ殺ス、誠ニ申訳ナシ。サレド艇員一同死ニ至ルマデ皆ヨクソノ職ヲ守リ、沈着ニ事ヲ処セリ、我等ハ国家ノ為《ため》職ニ斃《たお》レシト雖《いえど》モ、唯々遺憾トスル所ハ天下ノ士ハ之《これ》ヲ誤リ、以テ潜水艇ノ発展ニ打撃ヲ与ウルニ至ラザルヤヲ憂ウルニアリ、希《ねがわ》クハ諸君益々勉励以テ全力ヲ尽サレンコトヲ、サスレバ我等一モ遺憾トスル所ナシ」

殆《ほと》んど暗黒の中で、鉛筆で手探りの走り書きをしたとみえて、字体は極めて乱雑だが、その文章は千古に亙《わた》って、人の肺腑を貫《つらぬ》かずにいない。大尉は少しだって自分の生死を考えていない。死に臨みながら、大尉の考えたことは、日本潜水艇の将来のみである。

そして大尉は、「沈没ノ原因」「沈据後ノ状況」の二項目の下に、詳細なる報告と警告を書き誌《かしる》した。それが、その後の潜水艇建造に、いかに役立ったかいうまでもない。また、公遺書としては、

謹ンデ
陛下ニ白《もう》ス
我《わが》部下ノ遺族ヲシテ窮スルモノナカラシメ給ワンコトヲ

と、冒頭してから、海軍大臣初め先輩十余氏の名を挙げて、告別を述べて、最後に、「十二時三十分、呼吸非常ニ苦シイ、ガソリンヲブローアウト（排出）セシモ、ガソリンニ酔ウタ」

と書いた後に、「一、中野大佐」と、書き忘れた先輩の名を連ね、「十二時四十分ナリ」という結尾の一句は、大尉の最後の意識のうちに、強《し》いて鉛筆を走らせたものであろう。

僕はそれだけのことを知って、潜水艦神社の前に立ったのである。謹んで脱帽敬礼してから、六号艇の周囲を見歩こうとすると、M大尉が、

「内部を、ご案内しましょう」

といったので、わが耳を疑ったくらいだった。あの偉大な事蹟を残した六号艇の内部へ、足を踏み入れることは、勿体《もったい》ない気がしたのである。しかし、学校参観人には誰にも許されることと聞いて、安んじて踏段を昇った。

艦橋もない司令塔から、下へ降りると、暗い電燈が点《つ》いていた。素人眼の僕にも、いかに簡単な、原始的な構造であるかがわかった。しかし、狭い艦内の各所に、AからNまで、十四字の記号が、白く塗ってあった。

「それが、遺骸のあった場所なのですよ」

M大尉が、教えてくれた。Aは、佐久間大尉のいた場所だった。ちょうど、下水のマンホールのような、狭い円型の司令塔の中に、大尉は両股を踏み張って、（当時の潜水艇長はそんな苦しい姿勢で、指揮をとったのだ）生けるが如く、絶命していたそうだ。そしてBの長谷川中尉から、Nの福原兵曹に至るまで、それぞれ、任務の部署に、記号が書かれてあるのは、いかに深い感動を与えたことだろう。

僕は暫時《ざんじ》艇内に佇立《ちょりつ》して、瞑目《めいもく》した。最初は、鬼哭啾々《きこくしゅうしゅう》という印象を受けたが、次第に、立派な死を遂げた十四柱の忠霊の安らかな眠りの呼吸が、聴えるような気がしてきた。

「どうも、有難うございました」

外へ出てから、僕は心からM大尉に礼をいった。

それから、日本最初の潜水艇の型である五号艇も見学したが、僕の心を占めるものは、帝国潜水艦魂のことばかりであった。海軍潜水学校が、なぜ佐久間大尉以下の遺品を参考館に陳列したり、その霊を潜水艦神社として祀《まつ》るのか、わかったような気がした。

その魂の伝統が脈々として継《つ》がれたればこそ、真珠湾とシドニーの特殊潜航艇攻撃も、レキシントンの撃沈も、あれほど見事に行われたのであろう。事実、真珠湾攻撃の岩佐中佐、古野少佐は短期間ながら、聴講していたし、佐々木、横山の両特務少尉、上田、片山の両兵曹《へいそう》は、本校の練習生出身者だった。シドニー攻撃の大森一曹、都竹《つづく》二曹も、同じことである。そして、今後の長い戦期中に、どれだけの殊勲者が、本校出身者から生まれるか知れないのである。

隠忍《いんにん》四十年の冬を送ったわが潜水艦が、大東亜戦勃発《ぼっぱつ》によって、爛漫たる花を咲かせたが、当事者の心は、喜びと共に、さぞ涙ぐましいものがあったろう。

やがて、僕は、M大尉に別れを告げて、校門を出たが、潜水艦員の生みの親であり、潜水艦魂の聖地であるこの学校の姿を、もう一度ふりかえらないでいられなかった。

若い海兵団

兵科士官を養成する海軍兵学校を、僕は昨年の春に見学したが、ちょうど一年経《た》って、海の新兵を育《はぐ》くむ海兵団を訪れる機会が、回ってきた。海軍と春——偶然のことではあるが、その二つの結びつきに、僕は意味を感じた。

だが、春とはいっても、この日の三浦半島は、風が強かった。菜の花が、気の毒なように、風に揉《も》まれていた。そして、広袤《こうぼう》何万坪とも知れない練兵場に、赭《あか》い砂塵が、巻き立っていた。

僕等は横須賀第二海兵団の構内を突っ切って、×××団を訪れるところだった。

「海軍志願兵のうちの少年兵——練習兵とも、特年兵ともいいますが、それが××の方にいます」

と、本部で係官の話を聞いた時に、僕は、まずその「海の少年兵」に見参しようと決心したのである。

一体、海兵団は、水兵さんを育てるところで、水兵さんには、徴兵と志願兵の二種があるぐらいは、僕も知っていた。そして、志願兵は、将来、帝国海軍の中堅となるべき、大きな使命をもってることも、知っていた。なぜといって、艦という大きな機械の中に住み、精巧な近代兵器を扱うのには、二年や三年で、ほんとに一人前の海軍軍人が、できあがるわけがない。どうしても、一生を海軍に献《ささ》げ、やがては士官にもなるであろう志願兵が、必要なのである。

だが、その志願兵のうちで、満十四歳八カ月から水兵さんになれる、練習兵という制度のあることは、まるで、知らなかった。算《かぞ》え年十五、六といえば、あの可愛らしい海洋少年団員と、大差ないではないか。それに、指折り算えれば、彼等は、勿論、昭和生まれである筈だ。昭和ッ児の水兵さん——それだけでも、僕は健気《けなげ》な頼もしさを、感じないでいられなかった。

やがて、僕は第一講堂と書いた、木の香の新しい建物の前へきた。ちょうど、午飯《ひるめし》前の時間で、方々の建物から、白い事業服の練習兵が、海軍特有の駆足で跳び出してきて、洗面場の方へ、集まって行った。

(いる、いる！　食事前の手洗いだな)

僕は、心の中で、微笑《ほほえ》んだ。

＊

案内を受持たれた分隊長のＩ大尉は、もう年輩の、穏《おだや》かで質朴な軍人だった。一見して、この人が旧称特務士官であることが、僕にはわかった。この人も亦《また》、志願兵から立身したことは、訊《き》くまでもなかった。

「練習兵のうちには、兵科兵、機関兵、整備兵、工作兵、主計兵、衛生兵とありまして……」

士官室の食卓で、兵食の箸《はし》を執《と》りながら、僕はI大尉のお話を聞いた。また、若い分隊長の士官や、文官教官とも話を交《まじ》えて、この新しい海兵団と、練習兵のことに、知識を深めた。驚いたのは、練習兵の制度が実施されたのが、昨年の九月からで、いま入団しているのは、第一回の彼等ということだ。道理で、講堂や兵舎が、木の香のプンプン匂うほど、真新しいわけだと思った。士官室に集まってる軍人や教官の面上に、潑剌《はつらつ》たる生気が漲《みなぎ》ってるわけだと思った。僕は、江田島兵学校の伝統の気風に、心を衝《う》たれたけれど、この若い海兵団の草創の雰囲気にも、大きな魅力を感じずにいなかった。わが国最初の練習兵が、いかにして育てられるかを、実際に見ることは、得難い機会に恵まれたものだと、喜ばずにいられなかった。

そこで、僕は練習兵の一日を聞いてみた。

彼等は朝六時（冬季時間）に、釣床を跳ね起きて、全員、練兵場で宮城遥拝、「海ゆかば」の斉唱を行う。それから、海軍体操、掃除《そうじ》、洗濯《せんたく》、銃器手入、定時点検などあって、教課に入る。軍事学は普通新兵と同じだが、普通学は数学、物理、化学、国語、歴史、地理、英語があって、世間の中等教育と変らない。午後にも教課があり、また短艇、銃剣術、射撃その他の訓練が行われる。夕飯は十六時十五分で、少し早いようだが、艦内生活に準じてそうなってる。その後に釣床卸《おろ》しや甲板《かんぱん》掃除があって、十九時に温習、二十一時に巡検を受けて、就寝するのである。尤《もっと》も、土曜には恒例《こうれい》の大掃除があり、日曜の朝には、勅諭奉読があるが、大体、そんな日課の下に、日常を送るのである。

＊

さて、I大尉の案内を受けて、最初に見たのは、講堂に於《お》ける午後の教課だった。普通の学校と殆んど変らぬ教室に、白い服の練習兵たちが、行儀よく、黒板の方を凝視《みつ》めていた。入団すると、メキメキと軀《からだ》が伸びるとかで、遠くからは、齢《とし》より大きく見える彼等も、近くで眺めると、初々《ういうい》しい坊主刈りの少年ばかりだった。

ふと、僕は正面の黒板の上にある額に、気がついた。「至誠」と、太文字で書いてあった。その左右に「反省」及び、「発奮」と書した木函《きばこ》が、掛っていた。

「あの中に、反省と発奮に関した、明治天皇の御製が、納めてあります。毎朝、学課の始めに、拝誦します」

と、I大尉が、説明してくれた。海軍独得の精神教育が、ここでも行われてるのを、僕は見た。そして、江田島や土浦航空隊で「五省」が行われてるように、ここはここで、独自の方法が採《と》られてるのを、僕は感心した。

「あの額も、木函も、練習兵自身が製作したのです。字は、教官が書いたのですが、みな素人ですから、不細工でしょう」

と、I大尉は謙遜《けんそん》したが、僕は、それでこそ意味があると思った。

僕は、練習兵の訓育要綱というようなものを見せて貰った。

一、深ク内ニ省《かえり》ミ、軍人タルノ徳性涵養《かんよう》ニ努メシムルコト。

二、責任観念ヲ旺盛《おおせい》ナラシムルコト。

三、心身ヲ鍛錬シ、撥剌タル意気、積極敢為《かんい》ノ気象ヲ養成セシムルコト。

ちょいと読むと、なんでもないことのようだが、海軍教育の強い性格が、この中に流れてるのを、僕は看過《みすご》せなかった。

＊

それから、僕は兵舎へ案内された。

兵舎——つまり、水兵の「家」の有様は、潜水学校訪問記に書いたとおりで、どこも似たものだが、その分隊では、ちょうど、学課試験が行われていて、少年兵達は、一種の胡坐《あぐら》をかきながら、木函《きばこ》の上に紙を展《ひろ》げ、答案を書いてるところだった。教班長が、学校の教師のように、試験を監督していた。

僕は足音を忍ばせて、そこを通り抜け、次ぎの兵舎へ行った。そこは、兵達が一人もいず、がら空《あ》きだった。僕は、先刻、兵達が試験答案を書いていた木函のことを、I大尉に訊《たず》ねた。

「ああ、あれですか。あれは『手函』といって、水兵が必ず持ってるものです」

I大尉は、気軽に、兵舎の棚に整列した手函の一つを卸《おろ》してくれた。それは、昔の千両箱のような、金具つきの巌丈《がんじょう》な木函だった。蓋《ふた》を開けると、中には、海兵必携《ひっけい》の書籍の他に、便箋《びんせん》だの、鉛筆だのが入っていた。僕は、あの少年兵達が、故郷の母へ手紙を書く姿を想像した。そして、その一隅には、日本鋏《ばさみ》や糸や針が入っていた。僕は、少年兵達が、慣れない手つきで、綻《ほころ》びや、ボタンの縫いつけをする姿を想像した。それは、微笑ましく、また涙ぐましい映像だった。しかし、将来、女手のない艦内に乗組むとすれば、それは当然な躾《しつ》けであろう。僕は紹刺しまで、巧みにやってのける水兵さんを、知っている。

ついでに、僕は水兵さんの「衣裳簞笥《いしょうだんす》」を見せて貰った。といっても、それはズック製の、軟かい簞笥だった。

「衣嚢(いのう)」といって、普通家庭の洗濯袋のような、長い布の筒(つつ)だった。その中に、晴着も、不断着も、肌着も、靴下も、軍帽のほかはキチンと畳まれて、入っていた。水兵さんが引越しをする時には——つまり、海兵団から乗艦したり、また他の艦へ変ったりする時には、それを肩に担《かつ》いで行けばよいのだそうだ。なんと、身軽で、便利な引越しよ——と、また、僕は微笑まずにいられなかった。

発電所のように機械化された炊事場、プールのような大浴場を見て、また士官室へ帰ると、窓のすぐ下で、練習兵の対空射撃訓練が行われていた。艦内帽をかぶった士官や下士が、地に伏した兵の手つきや、体つきを直していた。その態度に、口でいえない劬《いた》わりのあるのを、僕は看過《みすご》せなかった。

それは、おのずから、僕が兵学校の印象と、比較するからであろう。兵学校でも、教官は慈父の如き態度だが、上級生徒によって保たれる紀律は、極めて峻烈《しゅんれつ》である。そこに、劬わりというような態度が、容《ゆる》される余地がなかった。海兵団の少年兵よりも、士官になる江田島の生徒の方が、却って厳格に訓育されるのを、日本の海軍らしいことだと僕は考えた。

＊

霜柱母は故郷で麦踏まん
第××分隊
×教班　××××

士官室で、文官教官が、情操教育として練習兵に作らせた俳句を、見せてくれた。その中に、そんな句があった。

この海兵団のある場所は、静かな入江に面し、クッキリと富士が見える景勝の地だから、風景の句が多かったが、僕にはその霜柱の句が、一番、頭に残った。

国民学校を出て早々《そうそう》の少年だから、入団の当初には、家を恋しがる気持もあるらしいが、そういう女々《めめ》しい感情を忘れさせるには、却って、上官が母親のことを語って聞かせるのが、効果があるそうだ。また実際、健気な母親の心ほど、彼等を奮起させるものはないそうだ。僕は、兵学校でも、それに似たことを聞いている。

少年達が入団すると、分隊長は、彼等の家庭に、一々、情況を知らせる手紙を発送する。それに対して、家庭から——多くは母親から、分隊長に返事が届く。それは、判で捺《お》したように、息子はもう海軍に献げたのだから、思う存分仕込んでくれ——という意味が、書かれてあるそうである。

練習生達も亦《また》、好んで、母親に手紙を書く。江田島と同じように、あらゆる通信は検閲されるが、家庭との連絡は、寧《むし》ろ奨励《しょうれい》されているので、彼等は余暇があれば、手函の便箋にペンを走らせるのである。

彼等が母親に、どんな手紙を書くかを、I大尉に訊いてみると、それは、まことに他愛のないことが多いらしい。

まず、水兵となった誇りを、いろいろの形で書くが、後は、団内生活の報告で、それも、愉《たの》しいことのみを拾って、知らせる傾向がある。

例えば、一過に二回は、菓子袋の給与がある。彼等は、日曜以外に酒保に入ることを許されない代りに、原価十銭分の菓子袋を、頂戴するのである。日曜日には、一円の小遣銭を貰って、外出を許可される。横須賀市内へ行く時は、特別許可がいるが、葉山あたりまで散歩することは差支えない。また兵学校と同じように、クラブ制度があって、付近の農家や漁家に、座敷が借りてある。そこへ行って、畳の上に寝転び、時節柄、甘味は乏しくても、茶を飲んだり、芋《いも》を食べたりして、家庭へ帰った気持になるのである。

彼等は、そういうことを、誇らしげに、家庭に報告するらしいが、それに対して、母親が、どういう返事を書くかということが、僕の興味だった。

僕は、練習生の許しを得て、母からの手紙を見せて貰った。それは、実に明るく、強く、心を撃つ手紙だった。兵学校あたりと違って、それらの母親に、インテリ女性はいなかった。貧しい、農村の母が、大部分だった。従って、文字も文面も乱暴であるが、真情の流露は、それには関係しなかった。僕はその手紙をもって、この訪問記の結びとしたい。

たびたびおたよりありがとう。元気で何よりです。お前のところへ、たより出そうと思いつつ、麦まきが始まって、今年は、お前の分のリヤカー引きで、ヘトヘトにつかれるよ。お前も猛訓練だろうが、お母ちゃんも猛労働だよ。朝は四時半、夜は少し用事を片づけると十時だよ。どうだ、お前より、お母ちゃんの働く方が、多いだろう。ちっとは訓練が身にこたえる時もあろうなー。その時はお母ちゃんを思い出せ。（中略）お前が親不孝を詫《わ》びた手紙、私は胸が一ぱいになりました。男の子に生まれればみなへいたいさんです。立派な軍人になる日を待っています。家にいる時、お母ちゃんはお前に無理いうて、すまなかったね。仕事がほねがおれると、ついお前まで叱ったりして、許しておくれ。（中略）

一人で写真うつして送っておくれ。お前の茶碗買って、朝夕、あたたかいご飯《はん》上げているから。（中略）お正月に帰れなければ、お父ちゃんと×子と三人で面会に行くからね。その時はゆっくり話そうね。ひまがあったら、おてがみをお母ちゃんは待っています。

母より

××様へ

海軍水雷学校

帝国海軍と水雷

私の子供の時には、日本は貧乏で、大きな軍艦を沢山備えることができないのだと聞かされていた。各国海軍比較表というものが、軍艦の影絵の形で、少年雑誌に出ていたが、イギリスが鰹《かつお》ぐらいの大きさとすると、日本は鰯《いわし》ぐらいに小さかった。私達は口惜《くや》しく、悲しかった。しかし、ただ一つの慰《なぐさ》めがあった。

「水雷艇《すいらいてい》は、日本が一番強いんだよ。水雷なら外国に負けないんだよ」

私たち少年は、そのことをいい合った。日清《にっしん》戦争の威海衛《いかいえい》夜襲は、話に聞いただけだが、日露戦争の旅順港と日本海海戦の水雷戦隊の大勝利は、自分の眼で、号外の活字を通じて知っていた。

躯《からだ》の小さい水雷艇や駆逐艦が、悪魔のように大きな敵艦を、一挙にブクブク沈めてしまう——それだけでも、少年の胸は躍《おど》るのに、それが日本人に最も適した特技と聞いては、憧憬と愛着の的とならずにいなかった。私達は水雷艇の形を絵に描き、駆逐艦の名を誦《そら》んじていた。

しかし、私が大人になり、やがて中年に達する頃には、日本にも、外国に負けない巨艦——いや外国が畏怖《いふ》する戦艦や重巡《じゅうじゅん》が、海を圧するようになった。それも、私達の子供の時のように、金を出して、外国から買ったのではなかった。帝国海軍が自力で建造した巨艦だった。私達はそれ等の巨艦と巨砲を讃美して、いつか少年時代の花形、水雷艇と駆逐艦のことを忘れていた。

そのうちに、今度の戦争になった。緒戦《しょせん》に、日露戦争の時のような、水雷戦隊の夜襲はなかった。しかし、真珠湾とマレー沖の偉大な戦果を顧みる時に、私はハッと、気がつかずにはいなかった。特殊潜航艇とは、水の中を走る水雷艇ではないか。雷撃機、攻撃機は、翼の生《は》えた駆逐艦ではないか。

「水雷は、日本が一番強いんだよ」

私は、子供の時の言葉をそっくりそのまま、今も繰り返して差支えないのを知った。そしてまた、昔のような、純粋な水雷戦も、最近のクラ湾や、それ以前のツラギやルンガ沖の夜戦で、いよいよ果敢《かかん》に遂行されているのである。帝国海軍は昔も今も、伝統の水雷戦の強みを発揮しているのである。魚雷の威力と、挺身攻撃の精神は、依然として帝国海軍の花なのである。

それにつけても、魚雷の学校といわれる海軍水雷学校とは、どんな学校か。第一次、第二次特別攻撃隊の勇士を生んだ母校は、どんな教育を行うか——と、常々、私の関心は、横須賀長浦の海軍水雷学校について動いていたのであるが、図《はか》らずも、今度、見学の機会に恵まれることになったのである。

一発必中

カラッと晴れた、夏らしい日だった。校門を潜《くぐ》ると玉砂利が敷かれ、車寄せの植込みに、二、三点の残花を見せた躑躅《つつじ》と、松があって、呉《くれ》の潜水学校の前庭と、ちょいと似ていた。しかし、本部の建物の外も内も、潜水学校よりは古く、ドッシリしていて、創立の由緒《ゆいしょ》を想わせた。

「校長が、面会されますから……」

応接室に待っていると、もう年輩の大尉の人が、そういって案内に立たれた。その後について、私は階段を昇った。潜水学校では、階段の踊場《おどりば》に、学校の標語を書いた四聯の長額が掛っていたが、ここには何物もない——と思って、階段を昇り切ると、正面の壁高く、蒼然と古びた東郷元帥の書が、私を見下していた。

「一発必中」

額も大きく、字も大きかった。元帥の書のうちでも、特に立派なものだった。私は暫《ざん》時《じ》、筆勢に見惚《みと》れていた。

「やア……こっちへ来給え」

デスク、衣裳棚、洗面台、寝台を、艦長室そのままに、所狭く収めた室内に、白服に肥軀《ひく》を包んだ校長××少将が、飾り気ない態度で、私達を招いて下さった。

「この学校のできたのは、明治四十年四月だが、前身は水雷術練習所といって、やはり、この土地にあったのです。それよりも以前は、迅鯨《じんげい》（初代）という水雷練習艦の艦内で教育したので……」

校長の語る沿革は、明治十二年に遡《さかのぼ》った。帝国海軍の水雷の歴史も亦、古いといわなければならない。壁間に掲げられた歴代校長の名のうちに、岡田啓介、鈴木貫太郎という字も見えた。

「練習生は、普通科が海兵団出身などの水兵、高等科が普通科を出て海上勤務をした下士官です。学生は士官で、普通科が少尉級、高等科が大尉級で、水雷艇長などをやった者……」

海軍の術科学校は、どこもそうだが、軍人の入る学校であって、普通人が直ちに入学できないのは、無論のことである。そして、水雷学校は日本でただ一校であるから、発祥の歴史を尋ねても、所在地の横須賀は水雷の聖地とか、本山《ほんざん》とかいうべきであろう。

次ぎに、私は水雷学校の教育精神——ひいては、世間でいう水雷魂なるものに就いて、質問した。

「水雷は遠くから撃っては、確実に当らんもんでね。敵に接近して、危険を冒《おか》す勇気を要する。早くいえば、水雷隊員はみな決死隊——出撃したら、還《かえ》れんと思うのが常識です。挺身的精神が最も要求されるわけです。しかも、大砲の砲弾とちがって、魚雷というものは、沢山持って行くわけにはいかん。一度で敵を仕止めなければならん。それには挺身の勇ばかりでなく、全身全霊を一本の魚雷に託する注意と努力が必要になってくる。測的や調整に、少しの弛《ゆる》みもあってはならん。必死の勇と共に、必死に頭脳を働かさねばならん。そこで、深慮敢為《かんい》ということをいいます。しかし、以上の長たらしい講釈を、一言にして尽すものは何かといえば、あすこに東郷さんが書かれた『一発必中』です。あれが、全《すべ》てです。所謂《いわゆる》水雷魂も、また、この学校の教育精神もあの言葉に帰一します……」

と、それから校長は、教育の実際について説かれたが、ここでは兵学校や土浦航空隊と違って、訓育ということよりも、実科に重きを置かれるのは、既に鍛《きた》えられた軍人の学校であるからだろう。そういえば、校長自身も所謂教育家というよりは、潮の香の強い、海の武人の面影が濃かった。そして、話が一段落すると、

「いいものを、見せよう。私が海上勤務中に、長官から頂いたのだが……」

と、一幅の未表装の書を、示された。

雪後始知松柏操——

　見覚えのある山本元帥の筆蹟だった。しかも、墨色がまだ濡れてるように新しく、戦死される二月前の揮毫《きごう》だった。

　やがて、午飯の時間になって、校長室を出ると、東郷元帥の額が、再び私の眼に入った。最初とはまた別な気持で、私はその文字を仰ぎ見た。山本さんと東郷さん――私は帝国海軍の二大守護神の書を、相次いで見たのだ。そして、「一発必中」の文字の下には、真珠湾九軍神の写真が無言の註釈を示していた。

校内旅行

　午後の校内見学に、校長自身が教官の大尉を随えて、案内に立たれたのは、たいへん恐縮だった。

　一三時の定時点検に、総員が練兵場に集まっていた。みな海の古強者《ふるつわもの》ばかりで、姿勢、態度ともに立派なものだったが、それでも、分隊士や班長が、厳重な注意をして回った。正面の黒板に、正しき姿勢、厳格なる敬礼、活撥なる行進と、白書してあった。

「駆逐艦などは艦が小さいから、居住の関係で、どうしても兵員の姿勢や態度が崩れるからね、それを再教育するのです……」

　校長はそういって、古い大講堂の中へ、私たちを導いた。正面に、威仁親王の「以攻為守《せむるをもってまもりとなす》」の御親筆が、掲げられてあった。それは昔より渝《かわ》らざる海軍の伝統精神であるが、特にこの学校に於《お》いては、意味の深さを感じた。

「古い建物だが、しかし、水雷教育の映画などは、ここで観せるのです」

と、校長にいわれて気がついたが、古びた壁に映写機の孔が開いていた。

それから、兵舎の中を通った。海兵団生活の経験のある下士官兵ばかりが居住するのだから、掃除も整頓も、立派なものだった。

そこを出てから、整備室だの、教室だの、参考室だのを見た。整備室は、一見、大工場の内部と変らなかった。

練習生の白い作業服は、真ッ黒に油に汚れ、分解した機械を取り巻いていた。

「魚雷の内部は、機密に属するから、見学させるわけにいかんが、素人《しろうと》がハラワタを観たって、面白くもなんともないからね」

「ハラワタとは、なんですか」

「内部の機械的構造のことです」

校長から、それが、水雷科軍人の用語だと聞いて、私は思わず笑ってしまった。なるほど、魚雷は銀の魚という別名もあって、金属性の鮪《まぐろ》のようなものだから、臓物《ぞうもつ》があるのは当然だろう。

参考室には、朱式だとか、保式だとか、初期時代に採用した外国製の魚雷が保存されてあった。それらの古い「ハラワタ」は、別に軍機に触れることもなく、私に魚雷の概念を教えてくれた。魚雷というものは、爆発尖、頭部、気室、浮室、機械室等の部分に分れてるようだが、恐ろしいのは、どうやら頭部らしい。そこに爆薬があって、その力で巨艦をブクブク沈めてしまう。尤も、鱶《ふか》や鮫《さめ》でも、恐ろしいのは頭部で、身の方は蒲《かま》鉾《ぼこ》の原料であると、つまらぬことを考えた。

その他にも、参考室には有益な資料が沢山あった。明治大帝の天覧に供した、わが邦《くに》最初の水雷爆発試験に、緋《ひ》の袴《はかま》の女官が驚倒してる錦絵などは、今昔の感が深かった。威海衛の水雷攻撃も、旅順の夜襲も、記念画になって残っていた。

そこを出ると、海が見えた。どうも海がないと海軍の学校らしくない。岸近くに、二聯装の水上発射管が設置されてあった。既に旧式のもので、まったくの訓練用とのことであったが、大砲のように左右に旋回《せんかい》するところは、なかなか凄味があった。発射管には、水上と水中の二種、旋回と固定の二式があることを、この時知った。

それから、最も古い第六兵舎、学生舎などを見た。東京あたりにはもう残っていない明治風な木造建築で、一種の雅致《がち》があった。

「私も、この学生舎で暮したのです。尤も、位置は現在と違ってるが……」

校長が、微笑を洩らした。校長のような水雷戦の権威のみならず、今、戦線に立ってる水雷科の将兵は、悉《ことごと》くあの古い建物に起臥《おきふし》したと思うと、色褪《あ》せた下見板《したみいた》も、ゆかしかった。

やがて、私は、興武殿という扁額のかかった、剣柔道場へ導かれた。兵学校や土浦航空隊の道場から見れば、十分の一の大きさもなく、半分は畳、半分は床——つまり、剣道と柔道の兼帯の道場だった。そして、建物の古さも、ここが随一だった。しかし、私はこの小さな、古びた道場に、不思議な威厳を感じた。入口の木札に「脚下《きゃっか》を照顧《しょうこ》すべし」と墨書してあったが、この禅語が、どういう意味で用いられているかを考えてみた。靴を揃えて脱げという海軍の躾《しつ》けと、武道の油断の戒《いまし》めと、両方に掛ってるかと思った。

美しき歴史

水雷神社にお詣《まい》りして、石段の下にある水雷富士というものを見た。水雷神社は、潜水神社や霞ケ浦神社のように、関係の英霊を祭祀《さいし》してあるのではなかった。しかし、総員が、毎朝、水雷魂の練磨を祈る聖場になっている。御神体が、皇大神宮であることは、江田島の八方園神社と同じだった。また、水雷富士は、曾《かつ》て練習生が富士へ登山して、熔岩を持ち帰って築いたものだった。水雷神社の高い石段も、やはり練習生の手になったと聞いて、私は驚いた。

「どうかね……あまり、書くこともないでしょう。この学校は、なんにも見る処がないからね」

校長は、校内旅行の終りに、そういわれた。だが、私は決してそう考えなかった。この学校は、既に鍛えを受けた軍人を教えるのだから、江田島や土浦のように、一般人が驚くような行事などはないが、地味なうちに、深い味わいがあった。棒倒しも、一万メートル競走もないが、既に赫々《かくかく》たる戦歴をもった士官や兵が、コツコツと、静かに学を研《みが》き、技を練ってるのだ。研究練磨の主体はわれ等には窺《うかが》えないが、それで見学の意味を逸することは決してなかった。私はこの学校の由緒の深さを、隊内のあらゆる隅々に嗅《か》いだ。

遺勲室ともいうべきその部屋は、まだ名さえなく、陳列品も乏しく、ガランとしていた。しかし、まず、日露役の軍神、広瀬中佐の「七生報国」の書が、眼に入った。広瀬中佐は戦死の時に、軍艦「朝日」の水雷長だった。練習所時代のこの学校に入り、練習《なら》艦「迅鯨」で、水雷を学んだのである。そしてまた、私の眼を射たものは、ズラリと列《つ》んだ真珠湾の軍神と、シドニーとディエゴ・スワレス湾に散った勇士の写真であった。横山（薫範）、佐々木、上田、片山、稲垣の五軍神も、大森、竹本、蘆辺《あしべ》、高田、都竹《づく》の五勇士も、悉くこの学校の出身者だったのだ。数年前には、白い作業服に、白い風呂敷包みを抱《かか》え、あの古い講堂に学んだ人達だったのだ。

日露と大東亜の両大戦に、それぞれ軍神を出してる光輝の歴史は、それだけでも類《たぐ》いなき学校の誇りであるが、私は室の隅に、ガラス函に収《い》れられた、袋入りの軍刀——函の前に上崎《こうざき》上等兵曹遺品と記されてあるのを見た。その側に半紙に筆書した、説明書があった。それによって、私は世に隠れた水雷科軍人の、壮烈悲痛な物語を知ることができた。

上崎上等兵曹

話は、日清戦争の威海衛夜襲に遡《さかのぼ》るが、その攻撃に参加した第三水雷艇隊のうちに、噸《トン》数僅か五十四噸の六号艇があった。潜水艦六号艇の名は、佐久間艇長の殉職と共に響いてるが、奇《く》しくも同号の水雷艇内に、同じように悲壮な軍人精神が発揮されたのである。

六号艇の艇長は今の鈴木貫太郎大将で、当時は大尉だった。上崎《こうざき》上等兵曹（今の兵曹長に当る）はその部下で、掌《しょう》水雷長か水雷士の如き役目だったらしい。明治二十八年二月五日の早暁、寒気骨に徹《とお》る海上を、六号艇を先頭として、十隻の水雷艇が、威海衛の奥に潜む清国北洋艦隊の主力を撃滅すべく、突入したのである。

その夜、長濤《うねり》が高く、且《か》つ湾口に防材があって進攻困難を極《きわ》めたが、六号艇は遂に敵前百メートルの驚くべき近距離に迫って、魚雷を発射しようとした。ところが、激浪に洗われた発射管は、寒気のために凍結して、魚雷が射出しないのである。六号艇には二門の発射管があったが、他の一本も亦《また》、風浪のために使用不能になっていた。

その至近距離に迫って、一発の発射もできなかったのだから、艇員——殊に責任者の上崎上等兵曹の心中は察するに余りある。上崎上等兵曹は、攻撃後、直ちに自刃《じじん》しようとしたが、人に妨げられて果さなかった。鈴木艇長はそれを知って、軍人の責任と進退を、懇々と説いた。発射管の凍結は不可抗力であるが、もし、それに責任をとるならば、将来の戦闘で償《つぐの》うて余りある大功を建てよということだった。上等兵曹も、理の当然に服する外はなかった。

ところが、威海衛の大戦果は、遂に清国の屈伏を齎《もたら》して、翌月三月には、講和《こうわ》大使李《り》鴻章《こうしょう》の渡来が伝えられたのである。戦いが終ることが明らかにされたのである。上崎上等兵曹は責を償うべき功を建つる機会が、永久に去ったことを知った。

それにもまして、上等兵曹の心を苦しめたのは、意外な、叙勲《じょくん》の噂《うわさ》だった。上等兵曹は模範的な素行の上に、攻撃の前夜、防材爆破の勲功を建てたから、叙勲や昇級の噂も、不思議ではなかった。だが、それを聞いた時、上等兵曹の自責感は、遂に頂点に達したのである。この間の心理ほど、帝国軍人のこころを語るものはない。上等兵曹は、同年三月十四日、人が寝しずまるのを待って、艇内の一室に割腹を遂げたのである。齢三十六、郷里の妻と同僚に残した遺書があった。

この峻烈な軍人精神は、西南役の軍旗事件を一生忘れず、遂に、明治大帝に殉死 奉《たてまつ》った乃木大将の心境と、髣髴《ほうふつ》たるものがあるが、当時はそれほど世に喧伝《けんでん》されなかったようである。ただ、日高フミという女流洋画家があって、上等兵曹の肖像を描き、明治三十一年に九段の遊就館《ゆうしゅうかん》に献納したことが、水雷学校の記録にある。その女流画家が、如何なる人か、遊就館に聞き合わせて貰ったが、大震災にその画さえ壊滅して、何の手懸かりもなかった。

「そんな立派な軍人のことが、どうして世の中に知られなかったのでしょう」

「海軍の軍人は、みな知っていたのだがね。この向うに、記念碑があるから、帰りに寄って行き給え」

校長にいわれたとおり、私達は校門を出ると踏切りを渡って、海軍集会所の前へ出た。そこに路傍《ろぼう》ではあるが、鄭重に玉垣で囲われた石碑があった。碑の前に、一基の魚雷頭部が、上等兵曹永遠の悲憤を慰めるように、置かれてあった。そして、碑文を読むと、建碑は約五十年前、建立者《こんりゅうしゃ》は海軍大尉鈴木貫太郎と記してあった。

私はその碑の前に立って、これで、ほんとに、海軍水雷学校を見学したという気持になったことを、付記したい。

付記

上崎上等兵曹の記事のうちに、同兵曹の肖像画を描いた日高フミという女流画家の素《す》性《じょう》が知れないと書いたが、掲載雑誌が市に現われると、二人の読者から手紙を貰った。

大連のY氏からの手紙には、日高フミ子が同氏の伯母にあたり、また宮中顧問官故日高秩父氏の妹であると記されてあった。フミ子は日清戦争後、大寺安純陸軍少将を初め、戦歿陸海軍軍人数十名の肖像を描き、遊就館に献納したのだそうである。上崎上等兵曹の肖像も、その一枚であることがわかった。フミ子は日露戦後にも、軍神広瀬中佐の肖像を描いたそうで、その画も、前の大寺少将の肖像も、明治大帝の天覧に供されたということである。

そしてフミ子の画家としての経歴は、愛媛県のM氏からの書信で、ほぼ判明した。

彼女の師は本田錦吉郎で、岡田三郎助にも教えを受けたことがある。しかし、彼女は非常に勝気な女で、岡田三郎助に、あなたより自分の方が画は上手だといって、温厚な彼を怒らしたことがあるとのこと。また、後に某中将の許《もと》に嫁したが、忽《たちま》ち喧嘩のため夫婦別れをしたそうで、以《もっ》て尋常普通の女性に非ざるを察するに足ると思った。大正三年頃、病歿したとのことである。

日高フミ子は多数の勇士の肖像を描いたので、特に上崎上等兵曹のために、彩管をふるったのでないことが判明したが、それはそれとして、私はもっと大切なことを書き残してるのを、後に気づいたのである。そのことを、私は小耳に挿《はさ》んだように思って、当時水雷学校でもよく質《ただ》してみたのだが、全然、誰も知らなかった。それで記載を避けたのだが、上崎上等兵曹の妻女が、亡夫の遺志を継《つ》いで、献艦運動を起したというのである。水雷艇一隻献納が目的だったらしいが、結局、それまでに金額が集まらず、発射管一門だったかに相当する献金をしたということだった。まことに立派な話であるが、世に埋もれてるのが遺憾である。何人《なんぴと》か彼女の事蹟を調査して、委曲を発表してくれたら、上崎上等兵曹の哀切なる物語も、首尾を全うすると思われる。

海軍機関学校

一

初秋の気配が空の色に動いているといっても、裏日本独特の湿気《しつけ》と、ジリジリと照りつける烈日が、舞鶴の海軍機関学校校庭に立っている私を、泌《し》み出《で》る汗で包んだ。その前に二時間ほど私は本部の一室で、校長のN中将、教頭のF少将にいろいろお話を伺《うかが》って、それから授業整列の生徒達が、隊伍堂々、教室へ入って行くのを見るために、校庭に出たところだった。

白い日覆《ひお》いの軍帽と白い事業服に、書物鞄を小脇《こわき》に抱《かか》え、胸を反《そ》らし、手を高く振り、歩調を整えて行進する海軍生徒の姿は、いつ見ても胸の透《す》く眺めだった。私は実にあの姿が好きだ。そして、ここの生徒の態度や容儀は、充分な士気の充実を感じさせた。

私は最後の一列まで、感動を以《も》って目送してから、暫らく、生徒館の日蔭に佇《たたず》んでいた。私はいかにこの学校を書くべきかと、思案《しあん》に暮れた。与えられた枚数に比して、書くべき材料が非常に多いだろうことを、痛感するからだった。

世間はあまりにこの学校のことを知らない。江田島の兵学校と並んで、海軍士官養成の機関であることも、震災後、所在地が横須賀から舞鶴軍港に移ったことも、開校が明治十四年の昔に遡《さかのぼ》ることも、ここを出た生徒の将来も、知ってる人は多くないのである。しかし、この学校の歴史や、使命や、特色や、機関科将校の任務を書くだけで、優にこの一文の分量を超してしまうだろう。私は海軍学校見学記を書くのに、今度が一番困ったことを告白する。

私はこの学校の精神とまではいかなくても、せめてその肌ざわりの紹介に努めたかった。この学校が江田島の兵学校と同格であることは、生徒の服装や態度が寸分違わぬことでもわかるが、私の直覚は同じ軍帽を戴く顔のうちに、おのずからなる差を教えた。もし江田島の生徒を、緋縅《ひおど》しの鎧《よろい》の若武者に譬《たと》えるなら、ここの生徒は黒糸縅《くろいとおど》しを着てるような印象を受けた。それは機関科将士の任務が、そんな聯想を私に起こさしたためかも知れなかった。機関科将士の任務はなんといっても地味であり、目立たない。戦いとなっても、艦の上へ出ないで、裏の働きをする。同じ危険と刻苦を頒《わか》ち合うにしても、そこに陰と陽のちがいがある。同じ沈勇と頑張りをもって戦うにしても、機関部に働く人には、特に縁の下の力もちの覚悟が必要である。そういうところから、自然に、ここの生徒には、独得の面魂《つらだましい》が生まれるのではあるまいか。それとも私の気のせいであるか。

尤《もっと》も、近代の海戦では、あらゆる部署の将士が、直接も間接もなく、裏も表もなく、戦闘に参加するので、そういう差別観は不当かも知れない。最近、機関将校の名はなくなって、この学校の出身者もまた、江田島出身者と同じく、兵科に編入されたが、それにしても黒糸縅しの武者気質は、軍艦に汽罐と機械がなくならぬ限り、いつまでも続くのではないかと思った。

二

「生徒館の生活が、分隊制度になってるのは兵学校と同じですが……」

案内に立たれた教官のK大尉は、純白の海軍防暑服から黒々とした腕を露《あら》わして、ある分隊の温習室へ私を導いた。声も顔も、元気な人で、鹿児島の出身者だった。そこは、兵学校の自習室と同じような、清潔な明るい部屋だが、東郷元帥《げんすい》筆の聖訓五ケ条の額と、楠公碑《なんこうひ》の石刷りとが、壁間に懸っていた。そして、各室毎に、一基の花台が置かれてあった。

「ただ、燈下式の点が、ちがうでしょう」

K大尉のいうように、生徒の勉強机は、江田島のように並列式ではなくて、一つの燈下に向い合うように置かれてあった。何事も江田島とよく似てるが、また違いもあった。机の形も違っている。

今は学課時間で、温習室は空虚だったが、一つの灯の下に、最上級生も最下級生も、正坐してる姿が私の眼に浮かんだ。独得の組立て書見台があった。それが正しい姿勢と視力の保護の工夫《くふう》であることは、いうまでもなかった。

温習室は扉《とびら》一つで繋《つな》がれて、ズラリと隣接していた。開かれた扉が通路になってるが、そこを通る権利は、最上級の一号生徒でなければ、得られないそうだ。従って、一号になった当座は、やたらにそこを通ってみるそうだ。そして分隊の隊務を処理する役は、一号生徒から選ばれるが、江田島で伍長というのを、ここでは生徒長ということを知った。

それから階上に昇った。階段が三日月型に磨《す》り減っていた。生徒が駆足《かけあし》で、烈《はげ》しく踏みつけるためで、艦内で素早く梯子《はしご》を昇降する躾《しつ》けが、今から行われているのだ。

階上は寝室だった。寝台、衣函が整然として列び「三省《せい》」と書いた額が、各室に掲げてあった。江田島の「五省」に対し、二省だけ少いなどと思ったら、大きなまちがいで、「三省」の三は決して数字ではないそうだ。反省を重ねよという意味で、それを項目化しないところが実質的な校風の顕《あら》われかと思った。面白いのは、この寝室で行われる「モーション・レース」という学校名物である。夜温習が終って、巡検用意になると、一号生徒の号令と共に、起床の時と反対の動作——つまり服を脱ぎ、それを畳み、寝衣《ねまき》に着換え、寝台を整頓する速さの競争である。しかも、これも将来の海上生活に備えて、迅速《じんそく》、確実、静粛《せいしゅく》の三規を守らなければならぬから、ただ速ければいいというものではない。そこに生徒の苦心があるが、それでも、普通、一分半で全部を済ませるとは驚嘆の外はない。尤もよほど努力を要するとみえて、生徒は「名物にうまいものなし」といってるそうだ。

生徒館を出て、教室を回ると、さすがに科学を扱う学校だけあって、物理化学の実験室の設備は、至れり尽せりだった。またここの校風として、座学の講義よりも、実験を尊重し、体得を主眼とするとのことだった。それにしても、生徒の学科時間は頗《すこぶ》る多く、学科六時間に対して訓練一時間の割合いだそうだから、海軍の学校というと、体と魂の鍛錬ばかりだと思うわけにいかない。

それから機関実験室に導かれた。まず罐室へ入ると、もと軍艦金剛で用いたという大きな水管式罐があった。罐は軍艦の心臓に譬《たと》えられ近代海戦の重要な戦闘要素だが、K大尉の懇切な説明にも拘《かかわ》らず、タービン機関の構造など、マゴマゴするばかりだった。その他、軍艦の五臓六腑に比すべきあらゆる機械が、小型化されて私の前に展《ひろ》がった。内火機関、電力機関、航空機関、潜水機関——いろいろあって、種類さえ覚えきれなかった。ただ、この学校の生徒が学ぶべき機械の多さを、驚くに過ぎなかった。

三

武道場、食堂、洗面所、浴場などを見て、練兵場の一隅へ導かれると、ちょうど相撲の訓練が始まっていた。相撲と水泳は、この学校の夏期訓練の主眼だそうで、水泳に赴く分隊は、裸に水泳帽の逞《たく》ましい姿を先刻見かけたが、舞鶴湾内の蛇島付近で訓練を行うので、蹤《つ》いて行く時間がなく、相撲《すもう》の方を見せて貰うことにしたのである。

三つの土俵で、凄まじい取組みが火花を散らしていた。取組みといっても、普通の学生相撲とはまるで違って、ただ押しの一点張りである。褌《ふんどし》に手をかけることは、許されない。必死にブツかって、必死に押しまくるのである。土俵の砂の上を、ズズッと音を立てて、押される相手も、押す生徒も、夕立ちに遭ったような汗の流れだった。実に真剣な稽古《けいこ》だったが、驚いたのは、稽古台になってる押され役が、学校の教官であることだった。

「あの男は、本校を優等で出て、今は分隊監事をしとるのですが、柔道、ラグビー、水泳――なんでも達人です。相撲もご覧のとおり……」

と、その場に来られた教務部長のN大佐が、わが子を誇る親のような表情で、土俵の人を指さした。裸で、丸刈りだから、生徒と区別がつかなかったが、文武兼秀の、青年士官の風貌《ふうぼう》を、私は改めて瞬《みまも》った。こういう人が、今の若い女性の憧《あこが》れではないかと思った。もう一人、口髭を蓄《たくわ》えた一巨漢が、稽古台になっていた。特務士官出のこの教官は、乗艦中に艦隊の横綱だったそうで、見るから強そうな恰幅《かっぷく》だが、それでも玉の汗を掻いていた。

私は、江田島で相撲訓練を見逃《みのが》しているので、いつまでも土俵を立ち去り兼ねた。そして、相撲を見ながら、K大尉から、本校の武道や体育の話を傾聴した。

「舞鶴は、弁当を忘れても傘を忘れるなと諺《ことわざ》があるくらいで、雨や雪の多いところですが、従って積雪期には他の海軍学校に見られない体育が行われます……」

雪中陣地攻防戦がその一つである。敵味方、雪の砦《とりで》を築いて、その中の旗を倒し合う。これには全生徒が出動して、奇数偶数の分隊が二軍に分れ、柔道着に素足《すあし》で、二尺余の積雪を蹴立てて戦うのだが、この時は上級生でも敵とあらば倒しても殴《なぐ》っても差支えないので、白雪を鼻血で染めることも、ずいぶん稀《めず》らしからぬという。一見、江田島名物の棒倒しが、雪中に行われるとも考えられるが、棒倒しそのものも、降雪期以外には、盛んに戦われるから、雪中攻防戦はやはり本校の名物であろう。雪の塔と雪の堤防の構築だけでも、独特の仕事だそうで、また戦後に両軍が軍歌を合唱するのが例で、雄壮なその声は、舞鶴全市に響くとのことである。

スキーもまた、本校の名物に相違ない。学校の裏山に、大面積の傾斜をもったスキー場があって、生徒は皆そこで訓練を受ける。勿論《もちろん》、単なる運動ではないから、基礎技術を修得すれば、天の橋立の成相山《なりあいざん》などへ長途の行軍が課せられる。スキーと海軍とは、ちょっと縁がないようだが、体のサバキと持久力の養成に、大いに役立つそうだ。しかも、春がきてスキー場に雪がなくなると、あの大傾斜を武装駆足で上下せしめると聞いては、せっかく雪の話で涼しくなった私も、また炎熱の世界へ帰った。

スキーの外にラグビーも、機関学校独得のものらしい。ラグビーを今は闘球といっているが、海軍学校で採用したのは、ここが最初ということである。明大ラグビー部に指導を受けたが、或る雨中泥濘《でいねい》の日に明大軍と闘って、零対零の無勝負に終り、本職の選手を驚嘆せしめたそうである。技術は拙《つた》なくても、名物の頑張りが敵に得点を許さなかったのである。実際、頑張りの点は、どうやら本校生徒の金看板らしいと、私は睨《にら》んだ。

短艇、帆走《はんそう》、汽走《きそう》等の訓練が厳格に行われるのは、海軍生徒としていうまでもないが、潜水作業や自動車操縦が課せられるのは、機関学校らしいと思った。武道の方も、宏壮な道場があるが、生徒が残らず真刀をもって校庭に出て、凜々《りり》しい陸戦服に身を固め、抜刀術を行うのは本校の特色であろう。

江田島の秋の行事に、有名な弥山登《みせんのぼ》りがあるが、ここの十哩《マイル》駆足競技がそれに相当するだろう。若狭《わかさ》高浜駅から学校までの間を、走るのだが、分隊の名誉を賭《か》ける頑張りが、この時こそ最高に発揮されねばならない。学校ではこの競技を、各種の訓練で鍛えた心身の綜合試験と考えてるようで、新入生徒はこの競技を経て、初めて一人前の生徒になるのだと覚悟してるようである。だから意気込みの凄まじさも、並大抵ではなく、或る年の競技に、秋とはいっても湿気が多くて、暑い日だったので、途中、日射病に罹《かか》った生徒が数名あったが、病室に担《かつ》ぎ込まれて、意識を恢復《かいふく》すると、軍医官を突き飛ばして、外へ駆け出すので、ホトホト手を焼いたと、K大尉が語った。

四

「あれが、青葉山ですよ……」

行く手の大講堂の方に見える、ドッシリした山容を、K大尉が指さした。それは古鷹山が兵学校に於けるように、機関学校に縁の深い山だった。峻険《しゅんけん》なること丹波丹後第一だそうだが、生徒は好んで、日曜に登山するそうだ。その憶《おも》い出《で》もさることながら、朝な夕なに仰ぐあの山の姿を、全国から集まった生徒は、終生忘れないに相違ない。舞鶴湾の冴《さ》えた青さも、同じことだろう。兵学校でも機関学校でも、高い山と美しい海があって、学校の教育以外に生徒に感化を与えることを、看過《みすご》せないと思った。

大講堂は黄色い煉瓦と石の、近代的な建築であった。栄《はえ》ある卒業式は、ここで行われるのだ。森然《しんぜん》たる内部の白壁には、行幸《ぎょうこう》記念の油絵や、本校出身者の中島知久平氏の贈《おく》った旭日に波の日本画などが、飾られてあった。

そこを出ると、小高い丘があった。私も訪問前に名を聞いている、躑躅《つつじ》ケ丘《おか》だった。それは江田島の八方園に相当するもので、生徒みずからの手で土木を起されたことも、神明社というお宮に、皇大神が奉斎されてることも、兵学校とよく似ているが、玉垣の中に学校出身の戦死公死者の英霊を祀《まつ》る招魂社がある点が、異っていた。朝な朝な、生徒は輪番で境内《けいだい》を清掃し、礼拝を怠らないということである。

丘は到るところ、躑躅が植えられ、遅い北国の春がくると、全山が焔の如く燃え立つそうだが、今は土のいきれが私達の汗を絞るだけだった。やっと、丘の上に出ると、樹《こ》立《だ》ちの間から、青い油が澱《よど》んでるような軍港の海が見下《みおろ》された。

社殿に参拝して、もときた逕《みち》を少し降《くだ》ると、K大尉が立《た》ち留《ど》まった。

「これが、大久保生徒の銅像です」

そこに、形は大きくないが、白い基石の上に置かれた、青銅の胸像があった。機関学校の軍帽の下に、柔和な、無邪気といっていいほど子供ッぽい顔が、微笑を湛《たた》えていた。

(ああ、これが、あの……)

私は大久保虎雄生徒の話を、仄《ほの》かに知っていたので、感慨なしにはいられなかった。

K大尉は胸像の前に一礼してから、詳細な事蹟を物語ってくれた。

昭和十二年の七月二十二日に、機関学校では恒例《こうれい》の遠泳を催した。距離は八千メートルである。大久保生徒はその春に入学したばかりで、水泳の練習は充分でなかったが、奮然とそれに参加したのである。ちょいと考えると、無謀のようだが、遠泳は技術ではなく、頑張りであるから、少しでも泳げる者なら、参加の資格がないとはいえない。号音一令の下《もと》に、生徒は海中に入った。最初はどの生徒も、同じ速力で並進した。水泳教官を乗せた見張船が、その後に続いた。だが、少し時が経つと、上級生の腕達者が、グングン先きへ進んだ。大久保生徒ほか二名は、一番後に残った。大部分の生徒が、八千メートルを泳ぎ切った時にも、三人はまだ七キロを超えたぐらいのところだった。

「慌《あわ》てるな！」

「頑張れよ！」

船の上から、激励されると、三人は微笑をもって肯《うなず》いた。遠泳は泳ぎ切るということが大切なのだから、いくら時間が掛っても、恥にはならぬのである。三人はただ力泳を続けた。

やがて、海上に暮色が迫る頃に、三人はやっと到着点前四百メートルぐらいに達したが、見張船の教官は、三人の四肢《しし》の動きと顔色に異状を認めた。疲労が著《いちじる》しく顕われ始めた。

「もういい。上れ！」

教官が命令した。

「大丈夫です！」

一番疲労の烈しい大久保生徒が、水上から答えた。

教官の身になると、ここまできて船へ上る生徒の、心の切なさに同情され、といって、捨てても置けぬ気持で、とても辛《つら》かったそうだ。やがて、対岸も程近くなった。その時、夕風が立って、泳ぎに一番苦手な逆浪《さかなみ》が立った。最後の力を出し切って、手肢《てあし》の自由を欠いた三人は、逆浪を避けて首を上げることができなくなった。

船中から、すぐ教官が跳び込んだ。水中に没した三人の体は、忽ち船の上に引き揚げられて、人工呼吸を施《ほどこ》された。二人は、間もなく意識を恢復したが、大久保生徒だけは遂に起《た》たなかった。十八歳の若い春が、そのまま徂《ゆ》いた。

世間の人は、或いはこの若い生徒の死に、無惨なものを感じるかも知れない。しかし、それは生徒という語の誤った印象によるものである。海軍生徒は世間でいう生徒ではない。入校の日から軍人なのである。水兵は上官として生徒に敬礼しなければならない。既に兵籍に入ったのであれば、その覚悟は問うまでもない。大久保生徒は訓練即戦場の教えを、身を以て果したのである。その死は戦死となんの変りもなかった。

私は銅像に心から礼拝して、丘を降りながら、K大尉になお質問を重ねた。それは、大久保生徒の死が、その時の生徒にどんな影響を与えたかということだった。K大尉は、あの後ほど、生徒館の士気が振い立ったことはなかったと、答えた。そして今もなお、遠泳の行われる時には、全生徒があの銅像の前に集まって、出発の挨拶をするとのことだった。

五

丘を降りて、その裾《すそ》についてすこし回ると、倉庫のような平屋《ひらや》があった。ガラス窓は鎖《とざ》され重い扉に閂《かんぬき》が掛っていた。その鉄棒を外《はず》しながら、K大尉がいった。

「参考館です」

私は江田島のあの立派な教育参考館を思い浮かべて、あまりにも質素な建築に驚いた。尤も、江田島のそれは、全海軍のための施設であるから、比較の必要はないわけである。

建物の中に入ると、釜《かま》の中のような熱い空気が、忽ち私達を包んだ。戸外の炎天も暑かったが、鎖された内部の暈気《うんき》は、特別のものだった。見る間に、私の総身が汗に濡れ、頭がクラクラしてきた。

「潜水艦のなかは、こんな暑さですか」

K大尉が潜水艦勤務をしたことを知ってるので、私は質問した。

「いや、これくらいなら、結構ですが……」

K大尉は笑った。すると、不思議なもので、私の暑さが、多少減退した。それ以上の苦痛を知ることは、確かに一つの苦痛療法である。

正面に東郷元帥の遺髪と、軍服や靴が安置されてあった。元帥の遺髪は、江田島の参考館にも、ここにも、家に先祖の位牌が置かれるように、置かれてあるのだ。そして、ここでは、その大きな「位牌」を中央にして、いくつもの新しい「位牌」が、硝子棚《ガラスだな》の中に列《なら》んでいる。

室の中には、この学校を出て、日清日露の両役や、支那事変で戦死した勇士の写真や、それぞれの海戦を描いた絵画が数多くあったが、私の眼を捉《とら》えて放さなかったのは、大東亜戦に散った出身者の遺品や遺筆だった。〇〇少佐の軍帽と軍服は、黒い羅紗《らしゃ》が緑色に変り、帽章の金が褪《あ》せて、苔《こけ》のような色をしていた。それは、鮮血に塗《まみ》れたり、弾痕に裂《さ》かれたりした遺品ではなかった。機関科将校は艦橋や砲塔に立つのではないから、戦死の場合も、一瞬の飛弾に散華《さんげ》するというわけのものではなかった。それだけに、戦死は壮烈悲痛極まりない性質のものだった。〇〇少佐の軍帽と軍服は、すべてを物語っていた。

さらに、その側に西川中尉の遺品と遺書があった。戦死後まだ一年に満たない新しい「位牌」だった。第三次ソロモン海戦に、軍艦〇〇と運命を共にしたのであるが、当時はまだ少尉で弱冠《じゃっかん》二十一歳、しかも軍神と同じく優賞功四級を賜《たま》わったのであるから、その戦死がいかに壮烈だったか、推察される。

西川嘉門中尉の戦死の状況を、私は帰京してから、海軍省のN中佐から聴くことができた。

中佐も機関学校の出身であり、或る因縁《いんねん》で中尉の戦死を詳しく知っておられるのである。

西川中尉は軍艦〇〇の機械分隊士を勤め、その日も部下と共に機械室の配置について戦闘中の高速力を少しも落さずに、任務を果していたが、たまたま、一弾が機械室に命中して、蒸気の噴出甚だしく、多数の戦死者を出した。中尉は自若《じじゃく》として、残った部下を指揮し、人の顔が見えぬほど濃厚な蒸気の中で、応急修理に努めた。しかし、損傷はいよいよ烈しく、熱気に噎《か》れた中尉の叫びによって、必死の作業が続けられ、持場を離れる部下は一人もなかった。

機械室は艦の底であるが、その有様がどうして外部にわかったかというと、上甲板へ抜ける通風口があって、そこから手にとるように内部の状況が聴き取れたそうである。艦が沈没に瀕して、退艦命令が下った時に、機関室でも上部にいた者は、脱出することができた。しかし、西川中尉の配置の場所は、そうすることができなかったのか、それとも、深い覚悟があったのか、通風口をとおして聴えるものは、部下と共に静かに合唱する「君が代」の声だった。それが、二度繰り返された。それから、陛下の万歳が聴えた。その後は、烈しい蒸気の噴出の音だけだった――

そのことを帰還後、海軍大臣に報告した上官は、声涙下って、なにもいえなくなったことを私は洩れ聴いた。

六

私はまだ生徒の日課も、週課も、訓育行事も、生徒が「オアシス」と呼ぶ市中のクラブのことも、愉しい教官官舎訪問のことも（私はそれを実見した）、そして校長や教頭の説かれた学校の教育方針のことも、少しも触れずに筆を擱《お》かねばならない。兵学校と同様のこの学校を、一回の訪問記で全貌を示すことが無理なのは、最初に述べたとおりである。私は努めて、この学校の肌ざわりを伝え、顔や軀《からだ》を読者の想像に訴えた。しかし大久保生徒や西川中尉の事蹟は、或いは生徒館生活の細部の描写よりも、より強くこの学校の血液の匂いを知らせるかも知れない。

襍記

「海軍」余話

沈黙会

江田島の兵学校教官室で一度、呉《くれ》の水交社の日本間で一度——両度にわたって私は、真珠湾の軍神について、貴重な座談を聴くことができた。

前者は、岩佐、横山、古野、広尾の四軍神を教育されたA少佐を中心とし、同期生の数人の士官が、昼食後の一時間を割《さ》いて、私のために、テーブルを囲んでくれたのである。

A少佐がまず口を切って、四軍神の共通点というべき性格を、話し出された。沈黙、正直、純真、孝行——等の点を、ユックリした口調で語られた。

しかし、忌憚《きたん》なくいえば、A少佐の談話は、その頃、新聞雑誌に出ていた以上のものではなかった。それもそのはずで、A少佐は、殺到する訪問者に答えるために話の草稿を用意し、過誤《かご》と煩《はん》とを、同時に避けていたように思う。

私の聴きたかったのは、寧《むし》ろ同期生の中尉や少尉の、率直な回想談だった。気のせいか、丸刈りにした若い士官達の顔は、軍神士官の写真とよく似ていた。同期生であるから、齢頃《としごろ》が似てるのは当然だが、面魂《つらだましい》まで同じような気がした。この人達こそ、多くの話題をもってるだろうと、私は、手ぐすね引いて待っていた。

ところが、A少佐の話が終っても、誰一人として、口を切ってくれないのである。明るい日光の射し込む大テーブルの上に、燈台の置物と灰皿が、寂然《じゃくぜん》として眼に入るだけなのである。

私自身が話下手《はなしべた》で、話を引き出す能力がない上に、若い士官諸氏は、てんで喋《しゃべ》ることに興味をもたないらしかった。私はひどく当惑して、若い士官の顔ばかり眺めた。

（そんなことを話したって、なんになる？）

私は、非常に聡明そうな、秀才型の一中尉の顔から、そういう表情を読みとった。武骨な、丸顔の一少尉の顔にも、同じ気持が浮かんでるように思った。

すると、私の気持にも、影響が起きた。

（そうだな。話なんか、聞いても聞かなくても、同じかも知れないな）

軍神となった人々の些末《さまつ》な日常を、根掘り、葉掘りしたところで、無意味なような気がしてきた。

これでは、いつまで経《た》っても、座談会が始まるわけがない。

私は勇を鼓して、雑誌座談会の司会者の如く、愚にもつかぬ口上《こうじょう》を述べた。私のために、集まって下さった厚意に対しても、沈黙会に終ったら、ヘンなことだと考えたからだ。

それでも、私が大汗になって喋れば、金庫の扉のように固い、士官達の唇も、いくらかは開いてきた。座談会の司会者という役目は、やっぱり無用でないと、私は思った。

「横須賀の水交社に泊っている時に、岩佐が、イキナリ入ってきて、ベッドの上から、僕を抑《おさ》えて……」

そんな風に、話の緒《いとぐち》が解けてくると、私は非常に嬉《うれ》しかった。しかし、三分も話が続くと、また沈黙会になった。

軍神の話

呉の水交社の会では、時間も夜であり、酒も牛肉も卓の上に並んだ。畳の上に寛《くつろ》いで自由に話した。潜水学校学生のM大尉が、平服姿で席を斡旋《あっせん》してくれた。

他の顔触れは少尉が多く、その中に紺絣《こんがすり》を着て、一高の生徒のように初々《ういうい》しい一士官などは、入港したばかりで、まだ湯にも入らないといっていた。私は戦塵と海の匂いを、強く、その人の軀《からだ》から嗅《か》ぐような気がした。

その座談会では、潜水艦乗組員の話を聴くのが目的だったが、軍神広尾大尉の同期生もいたので、自然話題はその方にも伸びた。

私はこの時の座談会と、兵学校教官室のそれと、二つを通じて、四軍神の話をいろいろ聴き、それを小さな手帳に書き止めた。それを手許《てもと》に置いて、私はこの原稿を書いている。

同期生の話では、なんといっても、岩佐中佐が一番快活で、覇気《はき》に溢《あふ》れた人柄のように思われた。冗談にもせよ、郷里の先輩として国定忠治を持ちだすことなども、非常に面白かった。友情に厚く、俠気に富み、かつ幾分茶目気も有し、いわば関東型の性格で、最も魅力があったのではないかと思われた。

中佐の声は中声だったが、歩く時は速足で、臀《しり》を出し、反身《そりみ》になる癖があったそうだ。訓練中は一切禁酒だったそうだが、その以前は、酔えばよく歌をうたったとのこと。

横山少佐の声は優しかったが、四方を睨みながら、大股でユックリ歩いた。その癖、相撲《すもう》の手は、非常に速かったとのこと。

古野少佐はドラ声で、肩を怒らせて歩いた。眼が鋭く、豪傑型だったが、趣味は優しかった。水彩画を嗜《たしな》み、酔えば端唄《はうた》もうたえた。なかんずく、白頭山節に至っては、その右に出る者がなかったとのこと。

広尾大尉は最も温厚で、沈着で、感情を面に表わさなかった。詩吟の捨児行が得意だったとのこと。

私の手帳の記事のうちで、いま書くことを許されるのは、右のようなことである。

九軍神は、あの偉勲を別にしても、魅力ある人柄だったと思われる。私は拙作「海軍」の主人公として、どの軍神に依拠《いきょ》しようかと迷った。性格としては、岩佐中佐に最も心を惹《ひ》かれた。しかし、私は啻《ただ》に軍神の生涯を書くことを、目的としなかった。私は軍神を生み出した帝国海軍を、主題としたかった。軍神の郷土と生い立ちに、なんとかして、帝国海軍の歴史や伝統との、交渉を求めたかった。

すると、広尾大尉と横山少佐が、私の前に残された。広尾大尉の生地佐賀は、海軍に縁故が深く、鍋島閑叟《なべしまかんそう》の水軍をいうまでもなく、多くの先覚者や勇将を帝国海軍に送っている。また大尉も熟読した「葉隠《はがくれ》」の武士道がある。私は、よほど広尾大尉を書こうと心動いた。

しかし、横山少佐の郷土にはなんといっても、薩英《さつえい》戦争という大きな歴史があった。そして、東郷元帥という帝国海軍の象徴的精神があった。

私は「海軍」の郷土を、結局薩摩にきめた。

たけくらべ

私は呉と江田島に四泊してから、一路、鹿児島に向ったが、着いても、すぐには横山少佐の生家を、お訪ねしなかった。

兵学校や潜水学校で、遠慮のない質問をした私も、軍神の家で同じことをするのは、礼を失してると考えた。横山家の訪問は唯《ただ》一回、それも極《ご》く短時間にしようと考えた。

それには、相当の予備知識をもち、訪問のメドを定めて置く必要があると思った。

着いた翌日の夜に、私は「朝日」の通信局長と相談して、横山少佐の小学校の恩師日置先生、中学の恩師尾上先生、それから少佐の親友の父肥後盛治の三氏にお集まりを願った。

私は特に小人数を希望したがそれが成功し、頗《すこぶ》る実《み》のある談話が聴けた。生憎《あいにく》の雨天であったが、却って話がシンミリして、夕刻から十時頃まで、間断なく語り合った。

日置先生は、少佐の人柄を示す資料として、少佐が二中受験の時の内申書を読んでくれた。

一、頭脳明晰《めいせき》ナ上ニ常ニ倦《う》マズ撓《たゆ》マズ自ラ根気ヨク勉強シテイル、常ニ首席ヲ占ム。
一、行為ハ活潑デ言語ハ明瞭デアル。
一、ニコニコシテ人ニ親切デ、人ヲ容《い》レル雅量ガアリ、統御ノオヲ有シテ居ル、而《しか》シテ人々カラ慕ワレテ級長ノ改選アル毎《ごと》ニ常ニ級長ニ挙ゲラル。

私はこの内申書に、オマケのないのを信じている。なぜなら、その頃、誰も少佐が軍神になることを、知った者はないからである。

その時分、少佐のいた小学校の授業は、男女混合だったそうで、鹿児島のこと故《ゆえ》、小学生でも、男尊女卑の思想を発揮し、とかく、男の子が女の子をいじめて困ったが、少佐はそれをやらなかった。というのは、少佐が年少すでに弱者を憫《あわれ》んだというよりも、もっと端的な理由があった。それは、少佐と常に首席を争った生徒が、S・S子という女の子だったのである。

或る時、数学の時間に、少佐のできない問題を、S・S子が見事に解いた。それを少佐が感嘆して「女の子でん、でくッとが居ってを」と、母上に語ったとのことである。少佐としては、女性の軽蔑すべからざるを、事実上、知っていたわけであるが、私の考えでは、そんなことがなくても、少佐は女卑論者ではなかったと思う。少佐は母親を限りなく尊敬していたし、また姉のうちには、教鞭《きょうべん》をとったほどの人もいた。

それはともかく、S・S子は鹿児島に現住していて、少佐の戦死が発表されてから、哀切なる追悼と回想の一文を書いた。私はそれを入手してきたつもりだったが、いま座辺に見当らないのが残念である。

西瓜

横山少佐の郷里の親友は数人あったようだが、肥後盛保君は同じ町内であり、小学校時代から竹馬の友だったらしい。盛保君は工業方面を志して、目下、茨城県の或る鉱山に勤めているが、昨年の夏に拙宅を訪問してくれた。

若々しい温厚な青年で、恥《はず》かしがって、なかなか話をしてくれなかったが、それでも、名古屋高工在学当時に、四日市に入港した少佐が、彼を訪ねた時の憶《おも》い出《で》などは面白かった。夜具が一つしかないので、一緒に臥《ね》たそうだが、その時少佐がズボンを褥《しとね》の下に敷いて、折り目をつけたということなど、なんとはなしに、私の頭に残っている。

肥後盛治氏は盛保君の厳父で、鹿児島の或る百貨店の秘書課長だが、頗《すこぶ》る誠実な堅い人物だった。同じ下荒田町に住み、家と家との往来もあって、少佐のこと横山家のことについてくわしかった。

「横山さんという人は、西瓜《すいか》を切るというと、決して来ない人で……」

と、肥後氏は、面白いことをいった。

鹿児島では、美味《うま》い西瓜ができるが、それを井戸に冷して置いて暑い盛りに切るからと、遊びにきた少佐に予告すると、その日は決して足踏みしないというのである。その代り、遊びにきてる時に黙《だま》って西瓜なり菓子なりを出せば、喜んで食べたというのである。

家に近いので、少佐は、よく肥後家へ遊びにきたらしいが、決して表から入って来ないで、木戸口から、盛保君の部屋に、「肥後ッ」と、呼びかけた。そして、部屋へ上っても襖《ふすま》を閉め切って、家の者と顔を合わすのを避ける風があった。

さもなければ、縁先きに腰かけて、盛保君とよく将棋をさしたそうだ。二人があまり将棋に凝《こ》るので、父君が心配して、将棋の駒を、風呂釜で焚《た》いてしまったこともあるが、いつの間にか新しい駒を買っていたということ。

兵学校時代に、少佐が帰省《きせい》しても、軍服を着て歩くのを、恥かしがったという話——それから推して考えるに、少佐は一種の恥かしがりというか、仰々《ぎょうぎょう》しいことを嫌うというか、そういう性格をもっていたようだが、それは横山家の家風のようでもあった。少佐の父親正吉さんは、近衛騎兵にも出た人だが、写真が大嫌いで、それで一枚の写真も残っていないという。

肥後氏は、また、少佐が最後に帰省した時のことを話してくれた。少佐は肥後氏をデパートへ訪ねてきたそうで、食堂で一緒に午飯を食べたが、少しも、平常と変ることなく、海軍や時局のことを話すのを避ける様子があっただけだった。

ただ、後になって聞いたところでは、家へ帰ってから、なかなか眠らず、夜半二時頃まで、兄の四郎君と寝床の中で語り合ったとのこと。四郎君が心配して、長く話してると疲れるだろうといえば、軍人は二、三時間しか眠らぬことが度々だといって、なおも、話を続けたとのこと。

しかし、少佐が何も知らなかったとは、断じられない。その秋に済南の兄正利君に書いた手紙に、太平洋上に散る桜ばなかな——の文句がある。

白頭山節

尾上先生は、鹿児島県立二中の英語教師で、城下侍《ざむらい》の家柄《いえがら》で、横山少佐を出した軍人組のクラスの主任を勤めていた人。温厚珠《たま》の如き性格だが、小肥《こぶと》りした軀《からだ》を羽織袴で包んだところは、東京なら、武道の先生で通用しそうな風采だった。

先生は、東京の軍神合同祭へ、横山家遺族と共に参列して、帰郷後間もない頃で、いろいろその時の話も出た。

中国九州方面の軍神の英霊と遺族は、合同葬の帰途同じ列車だったそうだが、広島駅(?)で、上田兵曹長の英霊と別れる時は涙なしにいられなかったということだった。

横山少佐が遺書のなかにあのように書いているのだから、両遺族の心のうちは思いやられるのである。白木の函と函とを、列車の中で、別れを告げさせた時には、両遺族は流涕して去るに忍びかねたということである。

更にまた、横山、古野、広尾の三英霊が、門司駅で別れる時には、東京から見送ってきた同期生の士官数名が、声を張り上げて白頭山節を合唱したとのことだった。白頭山節は、古野少佐の愛誦した歌であり、また若い海軍士官の好む歌であるが、その時の歌調は、いかばかり悲愴を極めたことであろうか。

泣くな嘆くな必ず帰る
桐の小函に錦つけ
会いにきてくれ九段坂

私は白頭山節の文句を知らぬので、その一つを、その席上で教わって置いた。歌詞が必ずしも、洗練の妙を尽したものでないにせよ、あの哀切な、野趣の溢れた曲調でうたわるる時、なんともいえない気持がする。況《いわ》んや、門司駅頭のそれは、うたう士官悉《ことごと》く涙していたそうである。

実は、私はその話を既に門司で聞いていた。門司で朝の鹿児島行き急行に乗る時に、少し時間があったので、旧知の朝日通信局長が、市内を案内してくれた。海に面するあの古い和布刈《めかり》神社で、関門の青い急潮が、音を立てて盛り上るのを眺めながら、その話を聴いたのだった。

「悲愴でしたなあ、実際」

記者としてその場にあった彼は、数日前の印象を、実感をもって私に語った。私にもその実感が伝わり、そして、あの烈しい真ッ青な急潮から、どうしても眼を離すことが出来なかった。その景色と、それらの若い士官の友情とが、一つのものに見えた。

海軍士官の同期の交《まじ》わりは、血よりも濃いということをよく聞くが、その後、いろいろと例証を知った。

昭和十五年に潜水艦で殉職した大畑大佐が、最後の出港の前に夫人に宛《あ》てた手紙に、老母に万一のことあらば五十期級会の方へ伝えられたしとあるのを、私はヘンなことに思ったが、海軍士官の間では、尋常普通のことらしい。

冠婚葬祭はもとより、借金のことまで、同期生が始末をする。あれだけ深い交わりがあれば、親も兄弟もいらぬことだろう。

桜星会《おうせいかい》

先般の池田校長上京によって、鹿児島県立二中の軍人組なるものが、スッカリ有名になったが、編成の当時には、昨年のように、海兵陸士全国第一の入学率を挙げようなどとは、担任者も予期してなかったかも知れない。

尤《もっと》も、尾上先生の話によると、最初は、九州第一を目標とし、次ぎに全国第一を狙《ねら》う大望が、決してなくはなかったとのことだが、その栄冠がかくも早く齎《もたら》されたのは、横山少佐の影響が力あったと考えられる。二中生は「第二の横山」ということを頻《しき》りにいってるようだし、学校付近に、横山少年団というものができたことも聞いている。

尾上先生のいうには、軍人組のできたのは、昭和十年四月で、学科は数学、国漢、英語を主とし、毎日ノートを出さして、教室と教師自宅とで、ずいぶん烈しい勉強をさせたとのこと。と、同時に、対手《あいて》が軍人学校のことだから、勉強のために体格を落してはならぬと、心配が大変だったこと。現に、翌年の春、第一回の成果（四年修業の入学者）が現われた時に、横山少佐外二名はパスしたが、最優秀の二名が、体格でハネられたのである。

「しかし、紀元節の日に、横山君達が合格の電報をもって、学校へきた時には、わたしも、抱きついて泣きましたよ」

尾上先生は口の重い人で、吃々《きつきつ》としてそう語る時、ほんとうに真情が充《み》ちていた。

しかし、翌年の五年卒業生と、前年の卒業生と、横山少佐等の四年組を加えると、二十七名の合格者が出たので、軍人組編成の甲斐は、充分に酬《むく》われた。

やがて、最初の入学者が将校になり、後からの者も、海兵陸士の上級生になった。つまり、軍人組がほんとの軍人になって、却《かえ》って軍人組という名が、不自然になってきた。そこで、桜星会という新しい名が生まれた。海軍の桜、陸軍の星から、その名ができたのは無論である。陸海軍将校生徒二十七名が会員となった。

昭和十五年の大晦日《おおみそか》に、桜星会の会合が、鹿児島の本田という牛肉屋で行われた。その店は、鹿児島銀座の天文館通りにあって、私も一食したことがあるが、そこへ年末で帰省していた十四、五名の会員が、尾上先生を中心として集まったのである。

私のもってる横山少佐年譜を調べてみると、その年に、少佐は軍艦五十鈴《いすず》から長鯨《ちょうげい》乗組みとなり、少尉に任官し、甲板《かんぱん》士官を勤めている。長鯨の母港は横須賀だったから、そこから、年末帰省をしたのであろう。

会費一円五十銭で、牛肉を馬食しようというのだから、足りる道理もなく、尾上先生が補助したそうである。なかでも、横山少佐はよく食い、兵学校時代に増配（ある体重に達すると飯を余計貰う）があっても不足したと、自白したそうである。そして、尾上先生持参の酒を一、二盃飲み、少佐にしては珍らしく、遠漕節など歌ったそうである。その時の記念写真を私は見た。

少佐は薩摩絣を着て、坊主刈りで、一見、中学生のようだった。

青年士官

桜星会員のうちで、立派な戦死を遂げたのは、横山少佐ばかりではなかった。杉元、熊本、森山の三陸軍中尉が、それである。また、軍人組の入学準備に、数学を受持った新原という先生も、間もなく出征、大尉として戦死している。

私は、肥後氏か、尾上先生か、どちらかから聞いた話で、次ぎのような事実を忘れることができない。

横山少佐が最後に帰省した時の話である。

少佐が一籠《ひとかご》の松茸をもち、新しい中尉の襟章《えりしょう》をつけて、鹿児島に帰った時に、諸方に挨拶に回った。一、二泊のあわただしい帰省だったから、顔出しと同時に暇乞《いとまご》いをする家が大部分だったらしい、石森という叔父《おじ》さんの家が、やはりそうだった。（少佐の母堂は石森氏であるから、母方の叔父さんの一人である）

少佐が挨拶に行ったのは夜で、叔父さんは、配給の焼酎を飲んでいたが、それを勧《すす》めると、少佐も二、三盃干《ほ》した。そして、いい機嫌になった叔父さんと甥《おい》が、話を始めた。

「お前も、海軍中尉になって結構だが、将来は、大将になれるか」

「いや、なれません」

少佐は、非常に明瞭に、そう答えたそうである。

「じゃア、広瀬中佐ぐらいにはなれるか」

叔父さんが重ねて、そう訊くと、

「さア、中佐ぐらいには、なれるかも知れません」

少佐は、莞爾《かんじ》として、そう答えたそうである。

この話に、私は深い意味を感じるのである。それは、その時既に少佐が死を決していて、広瀬中佐の後を継がんとの意を仄《ほの》めかした――というような解釈を、するからではない。そんな芝居がかった風に、その話を解釈したくない。

私は、少佐が何気なく、素懐を述べたに過ぎないと考えている。しかし、それが少佐一人の素懐でないというところに、深い意味を感じるのである。

江田島で私を案内してくれた或る少佐が、こんなことをいった。

「六十五、六、七期――つまり、軍神の出たクラスは、不思議なほど、みんな優秀です。あの時分から、急に生徒の気組みが変ったですな。元帥《げんすい》大将になろうなんてことを、誰も考えなくなった。誰も立身出世を軽蔑するようになった。その代り、いつでも死ねる男ばかりでした」

「どうして、そう、急に変ったのでしょう」

「さア」

それでも私は、くどく原因を知りたがった。いろいろの材料から、強《し》いて私が判断すれば、それは五・一五と、二・二六の後の国家的苦悶に、因を求める外はなかった。あの事件が残したきびしい空気に、手がかりを求める外はなかった。とにかく、あの後の軍の自粛は、凛烈《りんれつ》なものだったことを聴いている。

横山少佐が兵学校へ入学したのは、二・二六の一カ月後だった。

屋根裏の部屋

その会の翌日に、市役所や新聞社の人に案内されて、私は横山少佐の生家を訪ねた。

県道に面した、間口の広い、軒の低い、古い商家だった。ただ、煙草の飾り窓だけが、タイル張りで新しく「今日の煙草売切れ申候」と書いた紙が、軍神の家として異様に、私の眼に映った。

店の土間《どま》からすぐ上り口の部屋に、少佐の写真と白木の函《はこ》を中心にして造花、生花、薬玉《くすだま》などが、室を埋めるように飾られてあった。私が伺《うかが》ったのは十時ごろだったが、それより早く参拝の人が多かったとみえて、香煙が天井に立《た》ち籠《こ》めていた。

私は粗香をお供《そな》えしてから参拝した。参拝がすむと、土地の人から、母堂と済南から帰ってきた令兄に、紹介された。私は何もいうことがなかった。

母堂は、他所《よそ》行きの着物に姿をあらためて、お茶を出したり、座布団を勧《すす》めたり――それが、一人や二人の客ではなく、一日中、引ッ切りなしらしいので、私は、そこに坐ってることさえ、気がひけた。

少佐の戦死が発表されてから、その時で四十日ほどの間、横山家では商売もできず、家族の人々に疲労の色があった。私は小説の種とりのために、家の中をジロジロ見回すというような気持が更になくなった。

私が黙ってるので、却って同行の人達が、いろいろ話をしてくれた。母堂が静かな、緩《ゆる》い声で、それに応答されるが、町方の生粋《きっすい》な鹿児島弁で、殆《ほと》んど私には聴きとれなかった。そのうちに新聞社の人が、少佐の勉強部屋を、母堂が私に見せてくれるという厚意を、伝えてくれた。

もとより、私は非常に嬉しかった。私は母堂の後について、あやうい梯子段《はしごだん》を昇った。主家が平屋なのに、その部屋だけは天井の低い、屋根裏の四畳半になっていた。箪笥《たんす》だの、行李《こうり》だのが、狭い部屋の一隅を埋めていた。西側のガラス窓の下に、古びた机が二基置いてあった。その一つが、少佐の勉強机だった。

陛下の馬上の写真と、キヨソネの描いた南洲翁肖像複製とが、楣間《びかん》にかかっていた。

「この額は、少佐がかけられたのですか」

私は、そう訊いた。

「いいえ、上の兄か誰かでしょう。よほど前からあった額です」

という意味を、母堂は鹿児島弁で、淡々と語った。

その時、私は母堂と二人きりだったから、自然、その印象を真正面に受けた。いかにも飾り気のない、気さくな、軍神の母などという意識のどこにも感じられない——ただもう、一商家の主婦という以外に、なんの素振りもない人柄だった。

平出大佐の特別攻撃隊の放送を聴いて、一滴の涙もこぼさなかったというのが、ウソとしか見えないような、平々凡々の母親の顔であり、態度であった。

「それでも、この部屋まで見たのは、お前さァだけですよ」

というようなことをいって、母堂は階段を降りがけに笑った。

自啓録と手紙

私の鹿児島滞在中に、山形屋デパートで、横山少佐顕彰《けんしょう》展覧会というものが、催されていた。

この展覧会は、会期を延長するほど盛況を呈したのだが、私の行った最終日も夥《おびただ》しい人出だった。鹿児島のような小都会で、全人口が見にきても知れたものだと考えるが、郡部《ぐんぶ》から汽車に乗ってくる参観者が、朝の開店を待って、陸続と詰めかけるのだそうである。薩摩では、しばらく人物が出なかったから、横山少佐のことが、よくよく嬉《うれ》しかったらしい。

展覧会といっても、二十三年の短い少佐の生涯のことで、出陣の点数も少く、花々しい遺品もなかった。小学校時代の成績表だとか、習字だとか、二中時代の写真だとか、兵学校時代の書物嚢だとか、作業服だとか、そういうものばかりなので、参観者の少年達は、真珠湾攻撃のジオラマの方に心を奪われていた。

しかし、私にとっては、意外なる大きな収穫だった。まず、少佐の兵学校時代の日記と自啓録《じけいろく》が、目についた。

自啓録とは、兵学校卒業の時に、誰もが学校から贈られる革《かわ》表紙金文字入りの帳面である。自律自啓は江田島精神の一つであるから、士官となっても、それを心に銘じるように、爾《しか》く名づけられたのであろう。

陳列棚の中の自啓録は、最も重要な頁《ページ》を展《ひろ》げてあった。それは恐らく、少佐が岩佐中佐達との寄せ書きをすまし、遺書も書き、しかるのちに、心裕《ゆた》かに自分自身のために、一筆を下したものであろう。題して「初陣《ういじん》の感想」とあった。

その全文を引用することを許されないのは、残念であるが、「開戦劈頭《へきとう》の第一撃を加え得る光栄」「今必勝の信念を持し」「時に月影洋上に冴《さ》ゆるを見る」等の文字があったことを、付記して置きたい。二十三歳の若武者が、大任に就く直前の感想が、実に美しい緊張をもって綴られてあった。寄せ書きや遺書は筆墨であるが、これは万年筆らしきペン字だった。少佐の絶筆中の絶筆に相違なかった。

その他に、私にとって貴重だったのは、××艦長と中馬《ちゅうまん》中尉とが横山母堂に宛てた長文の手紙だった。両者によって、私は知られざる多くのことを知ったが、殊に後者には感動させられた。

その時、その中馬中尉（後に大尉）がシドニー湾で同じ特殊潜航艇の花と散ろうなどとは、夢にも考えなかったが、書かれた事柄の貴重さと、軍人らしい友情に心撃たれ、私は雑沓《ざっとう》の人波に抗しつつ、陳列棚の硝子越しに、その全文を書きとった。

中馬大尉は同じ薩摩の川内《せんだい》の人で、同じ下宿にいたせいでもあろうが、少佐が死後に開いてくれと、封書を託したことが、既に悲愴である。開かねばならぬ時機がくると、その中に遺髪と遺爪があり、現金二百円があったとは、いかに悲愴なことであるか。

大尉は少佐の遺託どおりに、百円を上田兵曹長の家に、同額を横山家に為替《かわせ》で送った。遺髪遺爪とその他の遺品も家族に伝達した。しかも、託した人も託された人も、半年経たぬうちに同じ美しい運命の下に散った。ほんとのロマンチックとは、このことだと私は思った。

二中の先生

鹿児島県立二中の池田校長と、最初に面晤《めんご》を得たのは、市長主催の午餐会《ごさんかい》席上だった。薩摩と海軍についての話題をもってる人々の会合だったが、池田校長は薩英戦争研究家として出席したのである。

横山少佐を出した二中校長として、お目に掛ったのは、その後、私が同校を訪ねた時のことだった。薄暗い校長室へ行くと、同氏はデスクの抽斗《ひきだし》から、カステラとカルカンを出して、私に饗応《きょうおう》した。妙なところに妙なものが入ってると、私は感心して、寛《くつろ》いだ気持になった。一見、旧知のようになったのは、あの菓子のせいだったかも知れない。

その時に、教頭その他の先生には、お目に掛ったが、有名な西郷先生には、その機がなかった。南洲翁の孫にあたり、柔剣両道の達人の魁偉《かいい》雄大な風貌をしのぶには、数種の写真による外はなかった。

また、私は横山少佐在学当時の配属将校で「断じて行えば鬼神も避く」主義の鼓吹者《こすいしゃ》たる坂口陸軍中佐（二中の当時は少佐）に、滞在中、会談の機がなかったのを、残念に思った。尾上教諭その他の人々から、同中佐の強烈なる風格を聞いて、是非一度お話が聞きたかったのである。

ところが、昨年の神宮大会の前日あたりだった。私の家へ、面白い電話が掛ってきた。

「鹿児島の菊池少佐ですが……」

私は驚いたというよりも、不思議な気持になった。菊池少佐とは、拙作「海軍」に出てくる坂口中佐のことなのである。あの小説には、全然ホントの部分と、全然ウソの部分があるが、菊池少佐は前者に属した。

しかし自分の作品の人物が、作中の名を名乗って電話してきたのには、作者たる私が最も面《めん》くらうのである。ピランデルロの戯曲に、それに似た話がある。

翌日の晩に、坂口中佐は一人の二中生を連れて、拙宅を訪ねられた。中佐は鹿児島県の大会出場選士の監督として、上京したので、その二中生も射撃選士の一人だった。

軍服姿の中佐は、秋の夜の更《ふ》けるまで、いろいろの話を語った。私は熊本生まれの中佐が、他郷の鹿児島で、自己の信条を仮借《かしゃく》なく実行したのを、面白いとも思い偉いとも思った。しかし短く刈った中佐の髪に、銀色が混っていた。話し振りも好々爺《こうこうや》らしく、音に聴く二中時代の武者振りが、衰えたのではないかと思われた。

だが、中佐が鹿児島の話をやめて、神宮大会のことに移ると、俄然、様子が違ってきた。必勝の気魄が、見る見る面上に漲《みなぎ》ってきた。選士達は、鹿児島から米と味噌を担《かつ》いできたそうだが、射撃や銃剣道の練習で、成績が悪い日には、中佐は減食を命じるのだそうである。

「なア、お前も、今朝の飯を二杯にしたら、急に命中するようになったじゃろが……」

と、二中生を顧みると、少年は温和《おとな》しく「ハイ」と答えた。

私はその時、中佐の真面目《しんめんもく》を見たように思った。霜中の菊という感じのする人物だった。私はこの陸軍の老将校が、海軍の若い軍神を教え子としたことを、興味ある事実として考えざるをえなかった。

因《ちな》みに、先頃感状を受けた坂口部隊長は、中佐の令兄である。

横山少佐の手紙

一、兵学校より郷里の中学級友M君に与えしもの

拝復　永らく御無沙汰致し失礼、本日考査終了、悲喜共に有り体だよ。月日流れて早や三カ月（註、少佐が江田島へ入学して最初の一学期）、待ち遠しき夏休みも後一カ月にせまり、過去をかえりみれば夢の如く、先きをみれば千里の道を牛が行く如く思われる。愈々《いよいよ》酷暑訓練が始められ、全く河童《かっぱ》同然だ。

棒倒し総短艇と交互に、土曜日午後に行わる。総短艇とは分隊毎のカッター・レースの様なものだ。我が四号は、まず台となる（註、棒倒しの説明なり。四号とは一年生徒のこと）、その上に一号生徒が乗る。然して攻撃軍と防禦《ぼうぎょ》軍とに別れて棒を死守する。全く死物狂いだ。なぐられる。蹴られる。ふまれる。全く斃《たお》れて後已《や》まずの精神で、押し通すだけだ。兵学校精神そのままの現われだ。是《こ》の時だけは、上級生も下級生もない。唯《ただ》肉弾をもって突入して行くのみだ。僕は実にこれが好きになったよ。全く男らしい運動だよ。

江田島は広島湾中最大の島だ。然し所謂《いわゆる》瀬戸内海式気候で、雨が少く暑さも相当だ。

寝て居る間、毛布一枚をかぶっているのが、やりきれぬ程暑いが、規定だから致《いた》し方《かた》ない。（註、海軍生徒は寝具踏み脱ぎの如き不行儀を許されず。寝冷え予防の意味もあらん）

　鹿児島はもう大分水泳が盛んな事だろうね。磯や鴨池や天保山等賑やかだろうと思う。学校の方はもうすぐ学期考査が始まると信ずる。我等は考査は終ってどうやら形通りは難関を通り越したが、君等は今からだから、充分に努力されん事を望む。試験前の一夜作りも良いかも知れぬが、やはり少し宛《ずつ》やって行く方が楽にして効果があるようだ。五年生を通じて（註、少佐は四年より入学したれば、その時の級友は五年生なるわけなり）成績が悪いと言っても、そう悲観するに及ばず。うんと奮発すればいいよ。人の一生は単に学力のみで律する事は出来ないものと痛感している。「うんとがんばい」（註、鹿児島弁にて大いに頑張れの意）、「斃れて後已まず」（註、兵学校の所謂必勝の信念の座右銘《ざうめい》にして、少し説明を要するが、今は略す。結局は、広瀬中佐の七生報国に繋《つな》がる伝統精神なり）という意気でやり給え。

　　昭和十一年七月一日

　　　　　　　　　江田島臭才より

二、練習艦隊より母堂に発せしもの

謹啓　仕《つかまつ》り候

秋冷の候と相成り候処皆々様如何《いかが》御起居遊ばされ候や御伺《うかが》い申上候　降《くだ》って小生も相変らず元気旺盛に御座候間他事ながら御放念相成度。

練習艦隊は二十一日横須賀入港九月二十五日上京致し正蔵兄宅に宿泊し市内諸見学を実施致し候（註、少佐の用語が硬《かた》いのではない。海軍生徒は皆こんなことをいう。例えば映画を見ても、見物といわずに見学という。やはり、心構えの一つである）。十月一日に横須賀に帰航致候（註、帰港の誤りならん）。十月四日午前十一時愈〻遠航の途に上り、本年末横須賀帰投の予定に御座候（註、兵学校卒業後直ちに内国航路に出て、それが済むと外国航路の遠航となる）。

欧洲戦乱の最中故予定のコースを変更せしめられ、北米沿岸には行かぬ事と相成候も止むを得ざることと存じ居候（註、従ってハワイと南洋の遠航になった）。

扨《さ》て先日御送付致せし小包は、満洲支那沿岸台湾巡航の記念として買ったものにて、何の役にも立たぬと存じますが宜敷御利用相成度（註、少佐はよく土産《みやげ》を家に齎《もたら》している。帰省の時など、若年の人とは思われぬほど、そういうところへ気がついてる）。

尚《な》お同封の小金子《きんす》は、小生の初月給に候えば、母上様の御小使に御使用被下度《くだされたく》願上候（註、少佐は少尉候補生としての最初の月給全部を、母堂に贈ったらしい。兵学校在学当時、母堂からの送金を、できるだけ軽からしめんとして、酒保に出入りしなかったことに照応せしめたい）。遠航中は御無音に打過ぐるやも知れず、何とぞ御承知相成度、時局重大なる時皆々様の御自愛を願上候、最後に小包中の外国煙草は、時局がら表面に出されざる様特にお願申上候

敬具

正治拝

十月三日

母上様

小説「海軍」を書いた動機

大東亜戦争というものがなかったら、僕は、恐らく「海軍」という小説を書くこともなかったろうと思う。

ハワイとマレーの戦いは、故国空前の大難到るという意識と共に、僕の胸に劇薬で灼《や》いたように、灼きついてしまった。僕は海軍に何のゆかりもない素人《しろうと》で、戦争のことは書けないにしても、自分の感激をそのままに放置し難かった。僕は「海軍」について、何かの小説を書こうと決心した。

そのうちに、特別攻撃隊の軍神の事蹟が発表になった。九柱の軍神を、全部書いてみたいほどの感激を受けた。しかし、一巻の小説として、それは無理だった。僕はやはり一人の軍神の人となりを、深く掘る方がいいと思った。

しかし、僕はただ伝記を書くのは、小説家の任に非ずと思った。そういう人を生んだ海軍をテーマとする方が、より適当だと思った。そして、九軍神の生地を調べてみると、一軍神のそれが、最も海軍に縁故が深いように思われた。その軍神の生地は、大きな水軍をもっていた大藩《たいはん》であり、帝国海軍に幾多の名将を送った土地でもあるので、軍神の生《お》い立《た》ちを書くうちに、その郷土を書くことによって、海軍の歴史を書き込むことができると考えて、構想の大体を定めたのである。そしてまた、帝国海軍の精神については、軍神の海軍兵学校時代を書くことによって、果されると思った。

だが、兵学校が海軍士官をつくり上げる働きの全部でないことは僕も知らないではない。艦上生活、殊に実戦の経験ということが、どれだけ重要なるかは、いうまでもない。しかし、僕が小説「海軍」の主人公が、遠洋航海以後、如何なる艦上生活をし、また如何にしてあの立派な戦死を遂げたかという経路に、全然触れなかったのは、一つには素人の想像の及ばざることでもあったからだが、主としては、現在がまだ戦争遂行中であり、機密に触れることを許されなかったからである。

そこで僕は、そういうことの説明係りとして、副主人公を置くことにした。副主人公を通じて、読者に、許される限りのことを伝えたいと思った。そういう理由で、非常に隔靴掻痒《かっかそうよう》の感があるかも知れないが、現在としてはやむを得ぬことである。天がもし僕に寿命を藉《か》せば、戦争終了後に於《おい》て、小説の後半を書き足すこともできる。

「海軍」の旅

わたしは、昨年（十七年）の二月頃からボツボツ、海軍に関係のある文献を読んでいたが、文字の知識だけでは、困ることが多くなったので、調査旅行に出る決心をした。決心はしたものの、わたしの腰は、なかなかあがらなかった。なぜといって、海軍兵学校とか、海軍潜水学校とか――そういう場所へ行くのが、怖《こわ》くてしようがなかったからである。子供の時から、海軍は好きであったが、海軍に何の縁《ゆか》りもないわたしである。そして、時局柄、多くの文士は、よく軍人と会っているが、わたしは、海軍にせよ、陸軍にせよ、その頃、一人の軍人の顔も、見たことがないのである。わたしは、官省だとか、軍部だとかを、まったく不知案内の人間であった。また、わたしは不精であり、臆病であるから、何事も皮切りを躊躇《ちゅうちょ》するのである。

わたしは、一人で行くのはイヤだと、朝日新聞に駄々をこねた。それが奏功して、新聞では、黒潮会員のG君を同行させてくれることとなった。いうまでもなく、黒潮会は海軍省詰めの記者の団体である。そういう会の人が一緒に行ってくれれば気強いと思って、やっと、わたしは旅行の支度《したく》を始めた。

東京を発《た》ったのは、四月四日の夜だった。春が早くきたので、桜の花はもう散っていた。それなのに、翌日の夕、呉へ着くと、なかなか寒かった。寒かった上に、旅館で按《あん》摩《ま》をとって臥《ね》ていると、チョイと来いと巡査に呼び起されたので、なお顫《ふる》えてしまった。呉は軍港であるから、人の出入りがやかましいのである。宿帳に、著述業と新聞記者と書いた二人を、胡散《うさん》臭いと睨《にら》まれたのである。

翌日、わたし達が、呉から江田島へ通うポンポン蒸気に乗り込んだ時でも、G君が海軍の番兵から、取調べを受けた。わたし達の目的はハッキリしていたし、証明書のようなものも持っていたから、前夜も、その時も、無事に通ったが、わたしの体は、いよいよ固くなるばかりだった。海軍の厳《いかめ》しさに対して、ますます近寄れない気持になった。そして、戦時下に海軍を主題とする小説を書くなどという考えが、途方もないことのように考えられてきた。いっそ、この小説をやめてしまおうかと、幾度か、心におもった。だが、わたしのそういう気持は、江田島の兵学校のなかで、三十分も時間を経ないうちに、きれいに払拭《ふっしょく》されてしまった。それは、兵学校の監事長、教務副官、教官などの軍人が、少しも威張ったり、武張ったりする風の人々でなかったばかりではなかった。

わたしの感じたのは、結局、空気のようなものだった。実際、四面海をめぐらす江田島の空気は、胸一杯に吸い込みたいほど清々《すがすが》しかったが、そのなかで、東京では散ってしまった桜花が、爛漫《らんまん》と咲いていた。桜花爛漫という言葉を、これほど痛切に感じさせることはないように、美しく咲いていた。そして白砂混りの土が、到るところ、箒目《ほうきめ》が立って、掃《は》き浄《きよ》められていた。松と杉のいい匂いが、青い海から来る風に漾《ただよ》っていた。そこに、白い事業服を着た生徒達が、最もいい意味の青春を、五体に漲《みなぎ》らせて、活動していた。

ちょっと、この世のものとは思われないような空気を、わたしは嗅《か》いだ。清浄で、強勁《きょうけい》で、峻烈で——こんな空気があったかと思われるような空気だった。東京あたりで、実践《じっせん》だとか、日本的だとかいってるのが、バカバカしくなるような空気だった。その空気の魅力が、わたしを捉《とら》えて放さなくなった時に、危惧心などというものは、勿論、どこかへ飛び去ってしまった。同時に、海軍に対するわたしの皮切りも、知らぬ間に済《す》んでしまった。

*

それから、わたしは、ひどく熱心になって、兵学校を研究した。午飯後から、夜の十時頃まで、殆《ほと》んど学校のなかで暮した。生徒が、すっかり寝静まってしまう時刻に、棒のように疲れて、裏門を出た。江田島という町は、一軒も料理屋がないから、疲れを休めるために、一パイ飲むなどということはできなかった。戸を鎖《とざ》しかけた一軒の商家に「おでんあります」という貼紙《はりがみ》をみつけて、そこへ入った。恐らく、昼間、子供が買い食いをする家かも知れなかった。狭い土間で、味噌をつけて蒟蒻のおでんを、立ちながら食べた。それで体が温まるような、底冷えのする晩だった。

翌朝は、生徒の起床を見るために、四時半に起きて、床《とこ》を出た。東が微《かす》かに白んでいたが、月がなお皎々《こうこう》としていた。前夜、見学中の案内をして下さるS少佐と別れた時に、

「では、明朝、御紋章の前で……」

と、指定を受けていた。菊花の御紋章が、燦然《さんぜん》と輝く新生徒館の前で、少佐と落ち合う約束になっていた。こちらのヒガミか、S少佐は寝坊の文士にそんな早起きができるか知らんと、微笑したように見えた。そうなると、こちらも負けていられない。一代の大早起きをして、生徒館の前へきたのだが、建物も周囲も森閑《しんかん》として、人の気配もなかった。約十分ほどして、白い運動服を着たS少佐が、たしかに眠気の残った顔つきで、姿を現わした。

「やァ、お早いですな」

と、少佐がニヤニヤした。笑われても、わたしは、決して悪い気持がしなかった。

総員起床から、朝飯までを見学して、わたしも、食事のために、宿に帰った。頭がフラフラしてきた。睡眠不足のせいばかりではなかった。あまり、緊張し過ぎたせいだった。わたしも無理に緊張したわけではないが、生徒の緊張が、こちらへのり憑《うつ》ってくるのだから仕方がない。例えば、朝の剣道の訓練をみてると、ほんとに凄まじい気合いだ

った。烈しく斬り込む竹刀《しない》の音と共に、竹刀の尖《さ》きについてる革が、わたしの方へ飛んできたのには驚いた。あんな荒い稽古を見たことがなかった。

もう一つ、わたしをフラフラにさせた理由があった。それは、兵学校の内部が広く、旅館から生徒館まで往復するだけで、かなり疲労する距離だった。朝飯後に参考館を見学するために、もう一度往復すると、わたしは持病の脳貧血の前兆を感じた。宿へ帰って、夜具を引ッ被《かぶ》っていると、だいぶ収まってきた。その部屋《へや》に、江川宇礼雄だとか岡譲二だとかいう映画俳優の、寄せ書きの額が掛っていた。海軍映画を撮《と》りにきて、この旅館に泊ったものと想像された。しかし、江田島で眺める映画俳優の文字などは、よほど間の抜けたものであった。

呉という町

山陽線は度々通るが、呉線《くれ》へ回ったのは、この間が最初だった。平時の考えをもってすれば、僕等文士が、呉軍港に用のある筈《はず》はなかった。頼まれても、ちょいと腰のあがらない行先きだった。それに自ら進んで、呉駅に下車することになったのも、戦争という因縁に外ならない。

戦時中の軍港の姿は、あらゆる角度から、僕に放射してきた。呉線に入って、車窓が鎖《とざ》されたことも、その一つだった。停車場に、憲兵とは別に、海軍の番兵が立っていたのも、その一つだった。ことによったら、番兵は平時でも立ってるのかも知れないが、雲つくばかりの巨漢で、且《か》つ眼光炯々《けいけい》たることによって、僕はギョッとなり、戦時を意識させられた。これは、ボヤボヤして滞在すべき町でないことを、下車、第一歩に於て感じた。気のせいか、駅前広場の空気もひどく緊張してるように思われた。夥《おびただ》しい混雑に拘《かかわ》らず、無声映画のようにシンとしてる気がした。海軍軍人と、青服の職工さんの多いことも、軍港として当然の話だが、それが無闇矢鱈《やたら》に多いように、眼の中へ飛び込んできた。電気バスの運転手が、若い女であるのを見てさえ、軍港であり、戦時であることに理由づけたくなった。

満員の旅館に、辛《かろ》うじて一室を都合《つごう》して貰い、晩飯に一本の酒を命じると、

「ありません」

と、当然至極のような返事だった。あまりに、断《ことわ》り方が鮮《あざや》かなので、女中に訊いてみると、旅館に於て酒を出さぬのは、既に数カ月来の習慣らしかった。広島付近は芳醸《ほうじょう》の産地だから、東京あたりより酒の自由が利《き》くかと考えたが、事実は反対だった。旅館は酒を惜しむに非ずして、配給なきが故に出さぬらしい。

「それァ、あたし達だって、ほんとに、お客様にお酒を上げたいと思う時がありますよ。例えば……」

女中の話では、艦隊入港の時に、上陸した下士官などが、細君を呼び寄せて、この旅館に滞在することがあるが、そういう場合に、酒のないのが、一番気の毒だというのである。細君から、手を合わすようにして頼まれる。出港すれば、戦死なさる人かも知れず、なんとかして、一本でも、都合してあげたいと思っても無い袖《そで》は振られない。そういう時が、一番辛《つら》いというのである。

そんな話を聞くと、酒を飲みたい気持など、忽ち喉《のど》へ引っ込んで、では、飯にしようと、茶碗を出せば、これも二杯以上はいけませんと、念を押された。

その翌日から、僕は、鎮守府《ちんじゅふ》、兵学校、潜水学校と、方々歩き回った。僕は、元来、地理的観念の魯鈍《ろどん》な男で、知らぬ土地へくると、よく方角に迷うのだが、呉市は、碁盤《ごばん》

の目のように、町筋がハッキリしてるので、大いに助かった。四ツ道路だとか、中通りだとかいう繁華街はいうまでもなく、裏街へ入り込んでも、迷子《まいご》になる心配はなかった。

街を歩いてると、撞球場《どうきゅうじょう》の多いのに驚いた。ある街なぞは二軒隣接していた。僕は水兵さんが撞球を好むという事実を発見した。なるほど、青いラシャの上に紅白の球を転がす繊細《せんさい》な遊戯《ゆうぎ》は、却《かえ》って海上の人の神経を休めるかとも考えた。しかし、士官は滅《めっ》多《た》に街の撞球場へ、足を踏み入れないという話も聞いた。では士官は撞球を好まないかというと、そうではなく、専《もっぱ》ら水交社の撞球室で遊ぶということだった。そういえば、街の飲食店に士官の姿は殆んど見られなかった。

或る夜、僕は街の大衆的食堂で食事をした。そこでも酒は払底で、僕はランチのようなものをパクパク食べていた。そこへ、ドヤドヤと、水兵さんの一群が入ってきた。給仕は満々たる麦酒のジョッキを、彼等の前に運んだ。酒は払底であるが、入港中の下士官や水兵には、特別なサービスを行うのである。僕の感心したのは、他の客がそれを見ても、一向羨《うらや》ましそうな顔をせず、当然至極のように、看過《みすご》してることだった。僕は、呉という町が、他所と違うと気がついた。

「全市の人が、何等かの点で、海軍に関係のないということはありませんからな」

と、土地の新聞記者が僕に語った。

呉市から海軍を差し引いたら、何も残らないという算術は、すぐ成り立つことであるが、商家が海軍によって生計を立ててることのみならず、中流家庭は士官に、それ以下の家庭は下士水兵か海軍職工に座敷を貸したり、所謂《いわゆる》「下宿」をしていない家は、少い。軍人か海軍職工に何の馴染みもないという家は、呉市に一軒もないに相違ない。

僕は拙作「海軍」の中に「呉市ほど、防諜意識の普及したところはない」ということを書いたが、それにはその理由があったのである。

江田島抄

海軍精神について語れという註文をよく受けるが、僕には、そういうことは困難である。部外の者が果してそういう精神を体得できるかどうか疑問であろう。また、海軍精神というものを、徹頭徹尾特殊な形態として考えるのも、どうかと思っている。本質的に見れば、それは国軍の精神であり、軍人精神であって、そこに、海軍もなければ、陸軍もないことになる。

例えば、ちょうど一年前に僕が江田島の兵学校を訪ねて、最初に生徒の姿を一瞥《いちべつ》した時、理由の知れぬ感激に襲われ、不覚の涙を零《こぼ》したが、それは一体、海軍精神を感じたのか、軍人精神に打たれたのかと訊《き》かれても返事に困るのである。

去年の春、僕は爛漫と桜の咲き誇る兵学校の校門を潜ったのだが、それは僕にとって、臍《へそ》の緒切って、初めて海軍の門を潜ることでもあった。少年の頃、一回だけ、軍艦拝観をした以外には、海軍の匂いも嗅《か》いだことがなかったのである。といって、陸軍のことも、何一つ知らなかった。要するに、軍事に何の知識もない、新しい白紙のような心だったのである。

僕は正午前に、兵学校へ着いた。案内をされた教官が、僕にいった。

「まず、生徒達が、午前の課業を終えて、生徒館に入るところを、ご覧なさい」

僕はその言葉を、あまり重要に考えなかった。なぜなら、生徒館といえば、普通の学校なら、寄宿舎に相当するわけである。生徒が昼飯に、寄宿舎へ帰るところを見たって、始まらないと考えていたからである。

僕等は、新しい生徒館の前に立って、生徒達を待った。やがて、広い校内のどこからともなく、続々と、白い事業服の姿が現われてきた。寛《ゆる》い仕立ての服だが、白い日覆《お》いをかけた軍帽をかぶると、不思議と、キチンとした印象を与えた。

彼等は悉《ことごと》く、白いズックの書物鞄を、小脇に抱《かか》えていた。その抱え方も、悉く同一だった。そして、空《あ》いてる右手を、力を籠《こ》めて前後に振り、歩調をとり、生徒館に向ってくる動作も態度も、悉く同一だった。三十人ぐらいを一隊として、続々、彼等は帰ってくるが、生徒館の前にくると、中の一人が、張《は》り裂《さ》けるような声で、号令をかけた。すると、隊伍は入口に向きを変え、一散《いっさん》に、石段を踏んで、館内に駆け入るのである。後から後からと、白服の群れが現われるが、悉く同一の過程をもって、生徒館の中へ入って行くのである。

僕はそれを見ているうちに、急に激情に襲われた。明るい外光の下ではあるし、側には教官と同行の新聞記者がいるし、キマリが悪いから、なんとか涙を隠そうとしたが、駄目だった。僕は下を俯《うつむ》いて、自然に頬の乾くのを待った。

なぜ、僕がそんな感動を受けたかということを、後になって、静かに考えてみた。それは、その時が兵学校生徒の第一印象であって、何もかも眼新しかったからであろう。白い日覆いの帽子、白い事業服、白い鞄そのものが、感動的だったのでもあろう。若い海軍生徒の健気《けなげ》さ、清純さが、耐《たま》らなく胸へきたからでもあろう。軍紀風紀というものの保たれ方を、目のあたりに見たからでもあろう。

そういう理由は、すぐと、頭へ浮かぶのであるが、具体的にいって、なにが感動の機縁になったかは、容易にわからなかった。生徒の容姿だとか、動作だとか、漠然としたものでなしに、なにか一つに要約されたものを見た気がしたのだが、それが捉えられなかった。

一年経《た》った今日この頃になって、やっと僕はそれを憶い出した。それは生徒達の眼だった。眼というものは不思議なもので、僕は時々芝居の演出をやるが、俳優の眼の方向とか動かし方とかで、遠くの観客には見えない場合があるに拘《かかわ》らず、実にハッキリと、性格や心理を語ることを驚くのである。まことに眼は心の窓であって、その人のもってる精神内容の全部が、そこから覗《のぞ》かれるのである。

兵学校の生徒が、厳然たる隊伍を組んで、生徒館に帰ってくる時に、彼等の眼は大きく見ひらき、真正面を睨んでいた。彼等の歩調と、手の振り方が、一糸乱れないように、無形の視線も亦《また》、定規で引いたように揃っていた。下を見ず、上を見ず、左右を見ず、前方を一直線に見ている彼等の眼ほど、崇高《すうこう》で無垢《むく》なものはなかった。それは、一つの目的に向って、一心不乱に、なにものも顧《かえり》みない眼であった。右顧左眄《うこさべん》を知らざる眼であり、逡《たじ》ろがざる不退転の眼であった。しかも、それは若々しい、輝いた眼であった。そして、最も驚くべきことは、それが数人の眼でなく、全部の眼であることだった。

あのような眼つきは、滅多にできるものではない。芸道に真に身を打ち込んだ人々が、同じ眼つきをするかも知れないが、それは稀なる個人である。個人にして、既に稀なのである。それが、団体として顕《あら》われていることが、なんとしても、大きな驚異なのである。

勿論、その時は、深いことは考えられなかった。ただ、ちがった世界へきたことと、ちがった世界の人々を見たこととを、ハッキリと知って感動したのである。

僕はこの頃になって、あの時の感動が、生徒の眼によって喚起されたのを知るにつけ、或る海軍少佐に会った時に、そのことを語らずにいられなかった。僕は兵学校の生徒の心構えが、眼に反映するというような解釈を、語ってみた。

「それもあるか知れませんがね。それよりも、兵学校では、眼の置きどころを、やかましくいうのですよ。体の方向と、真っ直ぐに、ものを見るように、躾《しつ》けられているのですよ。それでいて、横を、教官や上級生が通る場合に、チャーンと気がついて敬礼をするのは、われながら、不思議なような気がしますね」

その少佐は笑って、そう答えた。

なるほどそうかと、僕は思った。傍目《わきめ》を振らぬということは、帽子を正しくかぶることや、言語を明晰《めいせき》にすることと同じように、生徒の行儀の一つかと思った。しかし、行儀であろうが、心構えであろうが、結局、一つところへ帰するとも考えた。

僕は兵学校で、いろいろのものを見、いろいろのことを聞き、なにもかも、耳目に新しいので、心が混乱して核心を捉えるに苦しんだが、東京に帰ってから、ユックリ考えてみると、どうやら、結論らしいものが生まれてきた。

この学校——というよりも、海軍道場の目的は、戦いに勝つ人間をつくるにあると、僕は気がついた。あの烈しい訓練も、学課も、体技も、それから、胆《はら》をつくれという約束も、自律自啓の伝統も、すべてのものが、戦いに勝つことのために、目的づけられてると思った。

まことに、平凡な発見であるが、これだけのことを気づくのに、僕は半年を要した。「必勝の信念」ということは、兵学校の箴言《しんげん》の一つで、誰でも知ってることだが、畢竟《ひっきょう》、それがあらゆる教育の根柢であり、あらゆる鍛錬がいかに有機的に、そこに集中されてるかを見出すのは、ちょっと骨の折れる仕事なのである。

戦いに勝つ人間をつくる——これは、聞きようによれば、殺風景な言葉である。優秀な海軍士官を養成するといった方が、耳触《ざわ》りがよく、同じ意味を述べることになる。しかし、僕には些《いささ》か回りくどい気がしないでもない。

ここで、僕はもう一度、あの眼のことを憶い出さずにいられない。あの傍目も振らない眼、真剣な眼、必死な眼が、とりもなおさず、軍人の眼であることを、考えずにいられない。今日よりは顧みなくて——という、その眼であることを。

実習と六分儀

航海実習、乗艦実習——それは、兵学校生徒にとって、相当、愉《たの》しいものではないかと、想像される。四カ年の在学期間の半ばを越えなければ、その実習を与えられる機会が来ないし、それにまた、いやしくも海軍生徒たるもの、生徒館の雑巾掛けをするよりも、軍艦の甲板《かんぱん》で訓育される方が、どれだけ張合いがあるか、いうまでもないのである。

されば、生徒達が内火艇に乗って、真ッ青な江田内の海に滑り出す時、白き作業衣の下にハリきるもの、豈《あに》、隆々の筋肉のみならんやで、巡洋艦、駆逐艦、水雷艇等、練習艦に乗艦すれば、既に半人前の士官となった気持がするらしい。それが、八日間の内海巡航であれ、一日間の湾内実習であれ、華やかなる作業に相違ないのである。

実習の内容は手旗信号もやるだろうし、高角機銃の操作もあろうし、多事多端のようだが、天測だけは、必ずしも、愉しい作業といえぬと聞いてる。

軍神横山少佐の兵学校日記に、

「六月三日（金）晴。『楢』にて、航海実習、天測も全く飽《あ》きたり」

という件《くだり》があるが、少佐の如きネバリ強かった生徒にも、その嘆を発せしむるだけのものがあったらしい。

天測は、六分儀で天体と水平線を捉《とら》え、なにやらむつかしい計算を、たんと行って、自己の乗艦の現在の位置を数学的に求め、それを海図に照らして確かめることらしいが、僕等は説明を聞いても、頭が痛くなる。やはり、数学に秀《ひい》でた頭脳の持主は、天測を、さまで苦手《にがて》としないようである。それでも、六分儀を扱うには、多少のコツがあるとみえて、なかなか思うように行かぬらしい。だから、生徒でも、士官でも、自分の六分儀は非常に大切にして、写真家が愛器に対する如く秘蔵するらしい。

天測は、最初、兵学校の校庭で手解《てほど》きを受け、それから、航海実習の艦上で、腕を磨くのである。校庭は、いうまでもなく地上であるから、動揺というものがない。従って、天体を捉えることも、容易である。航海実習となれば、いかに静かな瀬戸内海といえども、多少の波がないことはない。六分儀の操作が、それだけむつかしくなる。

さらにまた、江田島を巣立って、練習艦隊で大洋に出る時、天測は、本格的な苦行《くぎょう》となってくるとの話である。

或る時の遠航で、或る暢気《のんき》な一候補生が天測を行った。艦は南洋の海上を走ってる時で、少しウネリがあって、六分儀の扱い方が困難だった。加うるに、その候補生は数学をあまり得意としなかったが、とにかく計算を終って、海図に照らしてみると、本艦の位置はちょうど、奈良市猿沢ノ池の中にあったという話——

それほど、天測は厄介なものらしい。

親鸞

先頃、私は土浦と霞ケ浦の海軍練習航空隊を見学して、その記事を新聞に書いた。それを読んだ知人が、私にこういった。

「少年飛行兵ッてものは、ずいぶん、可愛がられているんですね」

私は、ちょっと返事に迷った。なぜなら、「土浦」における少年飛行兵が、どれだけ周到な注意と用意をもって教育されているかを、私はまだ書き足りないと思っていたからだ。ことに、教え育てる側《がわ》の人の気持には、ほとんど触れなかったと思っていたからだ。

しかし、あの見学のうちで、私がもっとも心を打たれたのは、教え育てる側の人の愛情と、注意と、用意だった。少年飛行兵が、隊内で汁粉が食えるとか、映画が観られるとかいうことは、末のことだった。昔の軍隊式教育なるものを、頭においてる人が、そんなことを驚くに過ぎなかった。驚くべきものは、訓育する人の気組みであり、心構えであった。これだけ心を用い、頭を使い、そして飛行機へ乗せる前に、二年半も、時間をかけて育てるのだから、立派な海鷲が生まれるわけだと考えずにいられなかった。軍人は戦争が本職で、教育は専門といえないのに、よくここまで研究したものだと、感じずにいられなかった。

少年飛行兵を育てる人で、一番下位で、そして、最も接触の深く、長いのは、班長であろう。隊内は各分隊にわかれ、分隊が各班にわかれ、一班は十六人の少年飛行兵をもって形成するが、それを受持つのが班長である。班長の身分は下士官であり、またの名を教員と呼ぶ。分隊長は士官であり、同時に、教官の名をもっている。班長が所属分隊長（教官）の命令指揮を仰ぐことは、いうまでもない。班長は少年達が入隊の時に、軍服の着方や敬礼の仕方から教え、毎日一所の食卓で食事するのみならず、あらゆる訓練に、直接の指導をするので、もっとも親しみふかく、重要な任務をもつのである。これを国家の教育にたとえるなら、国民学校教員の重責と似たところがある。

この班長（教員）に対して、土浦航空隊教育主任で、少年飛行兵訓育に深い経験をもっているH少佐が、「下士官教員服務参考」という小冊子を著《あらわ》している。勿論、公けの刊行物ではなく、隊内用の印刷物であるが、私は見学の時に、H少佐からそれを貰った。その時は、見学の匆忙《そうぼう》に紛《まぎ》れて、読む暇もなかったが、帰来、書斎でゆっくりそれを繙《ひもと》いて、私は驚いた。かくまでに深い心構えと気遣いをもって、少年飛行兵の教育がされていたかと、感嘆のほかはなかった。

実をいうと、私は見学の時に、峻厳な江田島の空気とくらべて、すこし物足りないものを感じていた。だが、その小冊子を読んでから、私は自分の短見を大いに恥じた。

「土浦」では、入隊者を「子供」として取扱っているのだ。少年の心理と生理を充分に考察して、訓育や鍛錬がおこなわれているのだ。そこに書かれてあることは、班長（教員）の参考のみならず、世の親と教師の必読すべきものだと思った。

「教員の心構え」の章には、まず、華々しい第一線勤務から帰って、地味《じみ》な教育任務に服する下士官に、教育の誇りと重大さを説き、ついで教員の心構えとして、第一に「熱情」をあげてある。しかも、その「熱」が矯激《きょうげき》なる感情に駆られ、自己反省を欠き、いたずらなる大声叱咤《たいせいしった》や制裁にわたることを厳に戒《いまし》め、――三省以テ《さんせいもっ》自己ノ到ラザルヲ責《せ》メ、如何ニセバ教育指導ノ目的ガ果セルカヲ熱心ニ研究シ、何トカシテヨリヨキ練習生タラシメントスル其《そ》ノ「熱情」ガ必要デアル――即チコノ「熱」ニハ「根気」ヲ伴《とも》ナウベキデ、何回デモ繰リ返ス根較《こんくら》ベガ必要デアル――と、強調してある。

「精神教育」の項には、軍紀心の涵養《かんよう》にもっとも重きをおいてある。それが航空機搭乗員にはもっとも必要とされるらしい。ただそれが形式に流れず、いかにして生活に徹底するかの工夫《くふう》を、「躾《しつ》け」に求めている。靴の正しい脱ぎ方や、机の中の整頓に、軍紀心涵養《かんよう》の素を見いだし、蔭日向《ひなた》なき実践を強調してある。攻撃精神、犠牲的精神、頑張り精神なども、日常の躾けのうちに養成して、抽象的な説教は極力避ける方針らしい。

体育には、教員が必ず練習生とともに参加せよということが書いてある。なんでもないことのようで、ここに払われた深い注意を見ねばならない。また、学術教育において、班長が自己の専門的知識をことごとく注入せんとする点を、戒《いまし》めてある。それは、いたずらに難解なるのみならず、練習生をして不必要に時間と精力を消費せしむるからだと、書いてある。

私の見学の際に、案内してくれた教官は、この隊では「わかったか」「はい」を、やらぬようにしているといっていたが、私は非常に進歩した教育だと感じた。治世《ちせい》の上においても、「わかったか」「はい」をなんべん繰り返したところで、効果はあがらぬであろう。土浦教育で感心することは万事、形式的機械的に流れぬ用意が、ゆき渡っていることである。といって、英のニイルのような自由教育と、およそ背馳《はいち》することはいうまでもない。

「指導上ノ注意」の章を読むと、「我流《がりゅう》ノ教育ハ絶対ニ不可デアル」と、書いてある。熱心な教員が、ともすると堕《お》ちがちな我流を戒め、常に分隊長との連絡を緊密にすることを注意してある。つまり、分隊長の教育方針は司令（隊長）の方針であり、司令の方針は帝国海軍の大方針だと、定められてあるからである。この整然たる命令系統を、深く留意せねばならない。

その章の（二）に、――練習生ガ若年ナルコトニ特ニ注意シテ指導セヨ――要スルニ、彼等ハ子供ナリ。万事其点ヲ忘レズ気永ニ育テルコト肝要。教ウルニ非ズシテ育テル気持ヲ必要トスル――とあるのを読むと、実に、その言葉が下士官教員にいわれてるのか、世の親や教師を訓《さと》してるのか、わからなくなってくるくらい、適切さを感じる。そしてまた、ここが江田島と土浦の教育の岐《わか》れ目《め》だということも、発見するのである。

——制裁ハ禁物《きんもつ》ナリ。

その項の注意に、制裁をもって、教育の課程を無視する行為と断じてある。制裁とは、その場その場を、安易に片づけようとする心構えだと、戒《いまし》めてある。それと同時に、安易な妥協迎合《だきょうげいごう》は最悪なものであり、「ヤルベキコトハ飽迄《あくまで》ヤラセル真ノ愛情」を、堅く持ち抜くことを、要求してある。「真ノ愛情」の文字に、注目せざるを得ない。

——叱ッテモ怒ルナ。皮肉ト野次《やじ》ハ絶対禁物。

教えられる者の心理に、深い洞察なくては、この言葉は生まれない。正直な話、武骨な軍人がここまで気がつくかと私は驚嘆したのである。

私はその小冊子《さっし》を読み了《おわ》って、世間で「親鸞」という言葉が、決して形容でないと思った。小冊子にあふれている心遣いと気持は、親の心理以外の何物でもないと、気づくからである。世の親にして、以上書いたことが参考にならぬ者は一人もないであろう。

私はもう一度、ここで、海軍軍人が教育の専門家でないことを、考えてみたい。本来からいえば世間の学校長や教育家が、兵学校や土浦航空隊へ行って、啓発されたりするのは、不面目な話である。しかし、それを追求する必要はない。とにかく、本職でない海軍の教育が、なぜ、それだけの深い智慧《ちえ》と愛情とを積み上げ、あれだけの大きな成果をあげたかということは、当然研究しなければならない。

私はこれを軍人と任務の関係において見たい。任務は絶対なりという軍人の信条が、たまたま教育の場合に現われたと解釈したい。親鸞の愛の方法を知ることは大切だが、愛の出どころを究《きわ》めるのはもっと肝要である。

「予科練」の好き嫌い

土浦海軍航空隊の少年飛行兵たちが、うれしいと思うのは、どんなことか。つらい、悲しいと思うのは、どんなことか。

私は土浦航空隊へ見学に行った時に、知り合いの教官に、そのことを訊いてみた。

「それなら、いい材料がある」

教官は、そういって、私に練習生（隊内では、少年飛行兵とは呼ばない。練習生とか、予科練とかいう）の書いた感想文のようなものを見せてくれた。

それは、卒業前の練習生が、隊の生活を顧みて、愉快だったこと、おもしろかったこと、感激したこと、つらかったこと、いやだったこと、悲しかったことなどを、それぞれの項目にわけて、書いたものだった。教官が、遠慮なく、思ったことを書けと命じたので、練習生も、そのとおりに書いたということだ。

私は一班十六人分の感想文を読んで、全部を記憶しているわけではないが、大体、練習生達のいうことが共通しているので、それを思い出して、紹介してみる。

誰も一様に、うれしいと感じるのは、はじめて軍服をつける時と、三等飛行兵（今は一等飛行兵）拝命の時らしかった。

軍服は入隊と同時に着用するのだが、あれを着ると、自分でも、人間が変ったような気持になるらしい。以前は、練習生の軍服も、水兵さんと同じ形だったが、下士官の軍服と、江田島兵学校生徒の軍服の、ちょうど中間のような形に改正された。つまり、少年飛行兵独得の軍服ができて、それが、なかなか立派であるから、はじめて着た時は、うれしいのであろう。三等飛行兵拝命がうれしいというのは、ちょっと説明しなければわからない。

入隊して練習生になっても、一カ月間は準備教育というものがある。早くいえば、新兵さんの扱いをされる。「娑婆気抜き《しゃばけぬ》」といって、世間のダラダラした習慣を、隊内のキビキビした空気で、追ッ払ってしまうように、いろいろの訓練を受ける。この一カ月間は、酒保《しゅほ》へ行くこともできない。外出も許されない。そればかりでなく、入隊の時は四等飛行兵（今は二等飛行兵）で、つまり、いちばんビリの兵隊である。

それが、一カ月後には、三等飛行兵になる。もう新兵でも、ビリでもない。そして、最初の外出を許されるのだが、その時のうれしさは、卒業の時に、飛行兵長となるよりも、よほどうれしいことらしい。

そのほか、うれしいことといえば一万メートル競走に、自分たちの分隊が勝った時だとか、はじめて飛行機に同乗した時だとか、休暇で家へ帰った時だとか、兎狩で兎を一匹とらえた時だとか――いろいろある。

つらいことといえば、誰も、真っ先に書いてるのが、短艇（カッター）のことである。これも、入隊当時の準備教育時代にいちばん烈しくやるので、誰も閉口《へいこう》するらしい。しかし、海軍では、きついこと（つらいことを、海軍軍人はそういう）を、最初にやらせるというのが、方針らしい。兵学校でも、海兵団でも、そのようである。きついことを最初にやって、体を鍛え、後には、頭や精神を使う仕事が多くなってくる。だから、体の方は、後になるほど、ラクになってくる。

海軍の短艇は、オールが太い丸太ほどあるから、漕《こ》ぐだけでも、たいへんに力がいる。ことに、冬になると、霞ケ浦には薄い氷が張ることがあるから、それを破って漕ぐような朝は、体も凍るほど寒い。そのつらさを書いてあるのが、大部分だったが、しかし、後になって、そのつらさが、いちばんなつかしいと書いてあるのも、一人や二人ではなかった。

冬のつらさはそれだが、夏はなにがつらいかというと、座学といって、学科の講義を聴く間がつらいという。講義がつらいのではなくて、暑さで睡《ねむ》くなって、居睡りが出るのを、睡らないように努力するのがつらいそうである。これは、兵学校の生徒なども、同じことのようだ。

その他につらいことは、一万メートル競走や、短艇競漕に負けた時だとか、いろいろある。

おもしろいのは、隔離《かくり》がつらいということだった。町に、流行病など出ると、外出止めになるので、それがよほどつらいらしい。

それから、親しい分隊が卒業して、隊を出て行く時が、とても悲しいと書いてある。卒業生が隊を出て、他の航空隊に入隊する時には、司令も教官も教員も、庁舎の前にズラリと列《なら》んで、帽を振って見送る。その時に、残された練習生も整列して見送る。卒業生は、司令以下の前に行って、敬礼をし、挨拶《あいさつ》を述べてから、在隊の練習生に、

「しっかりやれよ」

「がんばれよ」

と、激励する。それは、いつできたということなしに、できた習慣だそうだが、その時は、卒業生も在隊練習生も、とても、悲しくなるそうである。トラックへ乗って、隊門を出て行く者も、門内で見送る者も、涙して帽を振るそうだが、特に親しかった分隊の者同士では、兄弟の別離に似た気持になるのであろう。

海軍の姿勢

「いくら背広を着ていらっしても、海軍サンだけはわかりますよ」

と、老練なる女性がいっていたが、それは潮焼けのした顔色や、海の号令で鍛えた声をもってのみ、判断するのではないらしい。海軍軍人には独得の姿勢があって、遠く街上を歩いていても、一見それと知れるというのである。

そういわれてみれば、市電の監督と海軍士官とは、ちょいと外見が似ているが、印象がまるでちがうことを、考えずにいられない。水兵や兵曹の姿勢にも独得のものを感じるが、士官のそれには、格別の味わいがあるのである。

それを一口にいえば「威あって猛《たけ》からず」という姿勢だが、具体的には、まことにいい表わしにくい。強《し》いていえば、猫背でもなければ、反《そ》り返《かえ》りもしない姿勢である。肩も振らなければ、脚を突っ張るでもない歩き方である。端正ではあるが、窮屈ではない。粋《いき》ではないが、野暮《やぼ》でもない。なにか、スーッとして、キュッとして——とでもいう外はない姿勢なのである。

帽子のかぶり方にしたってそうである。海軍軍人が、横っちょや阿弥陀《あみだ》にかぶってるのを、見たことがない。水平線のように、真ッ直ぐにかぶってる。外国の海軍軍人は、どういうものか、決して軍帽を正しくかぶらない。Uボートの勇将プリーン大尉の如きでさえ、マドロス風に、ちょっと横っちょにかぶってる。

僕は、帝国海軍将校のあの正しい姿勢が、どこから生まれたのかと、疑問をもっていたが、たまたま、海軍兵学校を見学した時に、些《いささ》か氷解するところがあった。廊下に、大きな鏡があった。

意外にも、兵学校ほど態度容儀姿勢を尚《たっと》ぶところはなかった。軍艦旗掲揚《けいよう》の下に行われる軍装点検が、いかに念入りでいかに厳格であるか、想像を絶するものがあった。微《み》塵《じん》ほどの乱れも曲りも、許されなかった。個人的な偏した癖は、悉く撓《た》められ正された。それほど海軍は外見を尚ぶのかと、僕は驚いたくらいである。

しかし、それが外見でも、形式でもないことは、更《あら》めて説く必要のないことだ。人間の姿勢というものが、どういうところから生まれ、またどういうものを養うか、いうまでもないことだ。

沢翁

小説を書くために、海軍のことを調べ始めた頃だった。

「沢さんという、海軍の故老《ころう》がおられますよ。実に、古いことを、よく知ってる方で……」

と、或る人が、僕に教えてくれた。

海軍造兵中将沢鑑之丞《さわかんのじょう》翁の名を知ったのは、その時が最初だった。（その時は、まだ技術中将といわなかった）

それから数カ月して、偶然のように、僕は沢中将の著書を発見した。新刊早々の「海軍兵学寮」という本だった。僕は海軍兵学校の沿革を知ろうとしていたので、この本は非常に役に立ったが、同時に、沢中将がどういう人であるかも、おのずから明らかになった。

中将は本年八十四歳の高齢で、造兵将校の最長老で、明治七年に東京築地にあった海軍兵学寮に入学されたのだから、中将自身が海軍の生きた歴史のような人であるが、中将の先代を沢太郎左衛門といって、海軍先覚者として有名だったのである。沢太郎左衛門は砲術家で、わが国最初の海軍留学生として、幕府から和蘭陀《オランダ》へ派遣された七人のうちの一人で、後に兵学権頭《へいがくごんのかみ》になった人である。

そういう経歴をもった沢中将の「海軍兵学寮」は、口述の著であるそうだが、余人の追従を許さぬ内容があった。しかも、事実を事実として、歯に衣《きぬ》着せぬ話し振りと、生《き》粋《っすい》の江戸っ子らしい洒脱《しゃだつ》な風格が、読者としての僕を魅了した。僕は著者の謦咳《けいがい》に接したく思ったのみならず、江田島へ移転当時の海軍兵学校に就いて、知識を与えられるならば、望外の喜びに考えた。

すると、僕の遠縁にあたる現役のT海軍中将が、それを聞いて、紹介してやろうということになった。といって、T中将は沢中将を個人的に知ってるわけではないのだが、沢中将の令息と、中学時代の同窓で、親しい間柄だったのである。

やがて、T中将は沢中将の意を伝えてきた。拙宅へ来てくれてもいいが、大概、電話で用事は済むから、電話をかけろということだった。僕は早速、沢邸へ電話した。

すると、かなり若い声の人が、電話口へ出てきた。多分、書生さんかと思って、ご主人をと頼むと、「私です」という返事で僕はマゴついた。

その電話が、三十分ほど続いた。というと、僕が事細《ことこま》かな質問でもしたようだが、実のところ、二、三の簡単なことを、お訊《たず》ねしたに過ぎない。しかも、沢中将はその返事を書面を以て答えると、いわれた。沢中将は事実や数字に頗《すこぶ》る正確を期する方で、ウロ覚えのことは、決して口にされない。それは技術将校の綿密さばかりでなく、生粋の江戸っ子のもってる律儀《りちぎ》と潔癖である――というようなことは、勿論、後に知ったのである。

ところで、電話がなぜ半時間も続いたかといえば、縷々《るる》として尽きない、中将の座談が始まったからである。かねて話好きの方と聞いていたが、僕はまったく圧倒されてしまった。八十余歳の老人とも思われない耳と声の確かさと、泉の如く湧く話題と――白米の如く滋味ある話術と――僕は受話機をもつ手が痺《しび》れてくるのを感じつつも、長時間の電話に聞《き》き惚《ほ》れた。そして、なるほど、電話もこれほど長く掛ければ、大抵の用事は片づくものだと感心した。

ともかく、電話にしろ、中将の風格に接したら、非常に親しみを感じて、沢中将というよりも、沢さんとか、沢翁とか呼びたい気持になっていた。

そのうちに、暑かった昭和十七年の夏のうちでも、とりわけ暑い日のことだったが、僕は、遂に水交社の一室で、沢翁に拝眉の機会に恵まれた。沢翁の令息の友人達が（T中将もその一人だったが）翁に話を聞く会を催して、僕を招いてくれたのである。

僕は、少し早目に水交社へ行くと、予約してあった一室に、夏服に白チョッキを着て、固いカラをつけて、ちょっと、幸田露伴先生に風貌の似た老人が、唯《ただ》一人坐っていた。暑い日なのに、扇風機の風を除《よ》けて、一向暑くもなさそうに、端然と椅子《いす》に腰かけていた。多分、沢翁だと思ったが、どう見ても、六十代の若さなので、躊躇しながらもお訊ねした。

「ええ、沢です」

やはり、そうだった。

やがて、他の連中の顔が揃《そろ》って、翁の座談が始まった。電話の時と同じように、歯切れのいい、低いけれど明晰《めいせき》な声が流れた。顔にも声にも、なんの表情がないに拘《かかわ》らず話の面白さは、直ちに人を捉《とら》えて放さなかった。

海軍が初めて探海燈を用いた時の話とか、どうして海軍から相撲《すもう》協会へ幔幕《まんまく》を贈るようになったかとか——話題はいろいろ飛ぶけれど、どの話も、翁自身が直接経験したことばかりで、極めて具体的だった。そして、最も驚くべきことは、それらの話が、何年何月何日の何処で、誰と誰がどうしてという風に、正確無比な記憶を以て語られることだった。翁の年齢を考えると、奇蹟のような記憶力だった。しかも翁は、いかにも記憶の過誤を惧《おそ》れる如く、少しでも曖昧《あいまい》だと、

「ここンところは、ハッキリしません。その積りで、お聞きとり下さい」

と、念を押すことを、忘れぬのである。

氷片を浮かべた紅茶を飲みながら、二時頃から、長い夏の日の傾くまで、翁の話を聞いていると、さすがに僕は疲れてきた。しかし、翁自身は、諄々《じゅんじゅん》として倦《う》むを知らざる如く語り続けるのである。汗一つ掻《か》かず、語調は最初と少しも変らず、聊《いささ》かも疲労の

色がないのである。

その夕、一同は水交社で会食する筈《はず》であったが、僕は用事があって、一足先に御免《ごめん》蒙《こうむ》ることにした。

「わたしも、帰ります」

翁もそういって、玄関を一緒に出られた。漸《ようや》く、涼風の立ち始めた街を、僕は翁に従って、飯倉《いいぐら》の電車通りの方へ歩いた。

「ほんとに、お丈夫でいらっしゃいますね」

僕は、その日の翁の印象に対して、心から驚嘆の声を発しないでいられなかった。僕の伯父の実業家などは、まだ七十にならぬのに、耳は遠く、腰は曲り、翁よりも十歳も上の老人のようだった。

「なに、病気をしないだけです」

少し歩みは遅いが、確かな足取りで歩きながら、翁が答えた。

「やはり、お若い時に、体をお鍛えになったからではありませんか」

僕は海軍の訓練のことを考えて、そう訊いた。

「さア、どうですかなア。まア、海軍にいた者は、割りと、長生きのようです」

「なにか、ご養生法は？」

「飯を余計食いません。晩飯は、殆んど食べないくらいで——だから、今夜のように招ばれるのは、実は、迷惑なんですよ」

翁が席を辞された理由が、はじめてわかった。

西郷従道

その性格があまりに茫漠《ぼうばく》たるのと、家兄隆盛の名があまりに高いために、従道侯《つぐみちこう》の存在は、今人《こんじん》に閑却されてるが、西郷家の優秀な血が、ここにも巨大な人像を築いてることを忘れてはならない。

薩摩《さつま》人の或る人はいってる。

「ことによったら、兄さんよりも大きい人物かも知れませんよ」

わが国最初の海軍大将として、数度海相を勤め、海軍軍政に功績のあったことは周知だが、実は陸軍中将から転籍して、山本権兵衛という駿馬の驥足《きそく》を伸ばしめたのである。かかる人物は、自ら仕事を行わず、人に仕事をさせる。海の如き度量と、調和の大才をもって、事と人に当り、難局というものを知らない。大器であり、天稟《てんぴん》の統御者《とうぎょしゃ》であり、真の楽天家であり、どこまでも精力の続く人であり、畢竟《ひっきょう》、現代が最も要求してる人物に似ている。

横浜の海

僕の生まれは横浜で、十六歳の時まで、そこで育ったが、横浜の海などは、池のようなものである。けれども、その昔は五港の第一であり、近頃のように東京港に併呑されそうな、微力なものではなかった。海としては貧弱でも、港としては盛大だった。港内に、大洋を往還する巨船大船が出入りするから、僕等の海に対する思考や想像は、必ずしも、池中の蛙ではなかった。といって、九十九里浜あたりの子供のように、素朴に、海を知り、海に親しんでるわけでもなかった。早くいえば、海を惧《おそ》れざる親しみ方で、あまり、タチがいいことはなかった。

海岸通りの埠止場《はとば》は、僕等の遊び場で、その当時は、岸壁などというものはなかったが、イギリス埠止場だとか、メリケン埠止場だとか、フランス埠止場だとかいうものがあった。イギリス埠止場は、長い桟橋が突き出ていて、夜になると青白いアーク燈が点《つ》いたが、今の岸壁の位置が、それであると思う。フランス埠止場は、仏人経営のオリエンタル・ホテルの前にあって、埠止場ともいえない貧弱なものだった。

そんな風に、埠止場が外国の名で呼ばれてることを、僕等は、ただの符牒《ふちょう》だと思うだけで、別に不思議とは感じなかった。寧《むし》ろ、その外に、日本埠止場というもののあることの方が、奇妙に考えられた。日本埠止場は、港の中の場末のようなところにあって、小さな汽船や、サンパンのようなものが雑然と繋《つな》がれていた。そして、日本埠止場へ行く途中の橋を、万国橋といった。

海岸通りは、白塗りの円杭に、黒い鎖《くさり》を繋いだものが、どこまでも続いていた。そして、あまり丈の高くない松が植わっていた。そこから港内を見ると、大体、どんな船が碇泊してるかがわかった。その頃は勿論、N・Y・Kの船も活動していたが、やはり、外国船の方が多かった。青い煙突の船も、黄色い煙突の船も、みんな外国船だった。一度、黄色い煙突の巨《おお》きな船が来たのを覚えている。一万トンもある商船だという話だった。ミネソタとかいう名であった。

しかし、僕等少年の眼が、商船よりも、軍艦に対して躍《おど》ったのは無論である。横須賀というものがあるから、帝国軍艦の入港は少なかったが、外国の軍艦は、頻繁《ひんぱん》に見られた。中でも、真ッ白に塗ったアメリカの軍艦が、眼立った。軍艦が着くと、市中を水兵が歩くから、どこの国の水兵は、どういう風をしてるか、多少の知識があった。フランスの水兵は、赤ン坊の帽子のように、天辺《てっぺん》に赤い球をつけてるから一番よくわかった。

外国の軍艦は見ても、日本の軍艦は滅多に見られないので、僕は横浜と海軍は、何の縁故もない土地かと思っていたら、近頃、沢鑑之丞さんの本を読むと、明治初年に、北仲通六丁目に、東海鎮守府があったという記事が出ていたので驚いた。わが国最初の海軍鎮守府が、横浜に設けられたということは、知らなかった。初代の司令長官は伊東祐麿少将で、明治九年から十七年まで、八年間も横浜に置かれ、その後、横須賀に移されたというのである。

北仲通六丁目あたりも、僕等はよく遊び歩いたが、あの辺に港務部の建物があり、小さな燈台などもあった。或いは、鎮守府の名残《なご》りだったかも知れない。とにかく、池のような横浜の海も、当時は、鎮守府付属の東艦《あずまかん》だとか、富士山艦とか、名だたる艨艟《もうどう》を泛《う》かべていたかと思うと、ちっとは鼻が高くなった。横浜と呼べば、貿易と答えるようなところで、軍事には何の関係もないと思っていたのは非常な謬《あやま》りだった。尤《もっと》も、当時の日本は、軍港と商港を一つに兼ねさせても、不思議でない状態にあったのだろう。

そういえば、僕は横浜沖で行われた日露戦後の凱旋《がいせん》観艦式のことを思い出す。勿論《もちろん》、その頃は既に軍港時代を遠く去っているが、本牧《ほんもく》沖にズラリと列んだ艦隊は、子供心にも気丈夫だった。観艦式も、無論どこかで拝観したに違いないが、その方のことは忘れ、式の翌日かに、軍艦乗観を許された時のことをハッキリ覚えている。僕等は町中の川から、軍艦行きの小舟に乗り、海へ出て行った。戦闘艦の巨姿が、崖《がけ》を仰ぐような印象を与えた。僕等は確か「朝日」に乗艦したと思う。遠い昔のことで、細かいことは覚えていないが、マストの中がガラン洞で、鉄の梯子《はしご》がついてるのを、ひどく不思議に感じたのと、敵弾の当った箇所が修復されていても、火傷の痕《あと》のような形となって残り、そこに白い文字で、いつの戦いの弾痕であると、記されていたのが、頭に残っている。

もう一つ、その時に、軍艦に懐《いだ》いていた好奇心は、食物のことだった。なんでも、軍艦では洋食を食うという話を、聞かされていたものとみえ、洋食屋のような立派な部屋と、うまそうなご馳走を想像し、ことによったら、僕等にも食わしてくれるかも知れぬ――というようなことを考えていた。勿論、立派な食堂も、ご馳走も見当らず、失望して帰ったことを覚えてる。

子供の時から、食い意地が張っていた証拠《しょうこ》になるが、船と洋食という聯想は、いつまでも去らなかった。小学校の友人の父親が、汽船の船長をしていて、横浜に帰航した時に、息子と僕を船へ呼んでくれたこともあった。貨物船だったと思うが、なかなか綺麗な船だった。僕等は甲板《かんぱん》を飛び回り悪戯《いたずら》をしたが、午飯の時になって食堂へ行った。船長と僕等二人だけがテーブルに着いた。この時こそ、まちがいなしに洋食を――船の洋食という空想的なご馳走にありつけると、胸を躍らせたが、ボーイは茶碗と箸とを、テーブルの上に列べた。一皿の焼魚と吸物が、その時のご馳走だった。

それから二十年後に、僕は船に乗って、欧羅巴《ヨーロッパ》に出掛けたが、その時は、もう船の洋食という空想もなくなった。あまりうまくない洋食を、四十日間食わされて、大いに辟《へき》易《えき》した。朝飯などは、コーヒー茶碗に味噌汁を貰い、プレーン・オムレツを註文して、卵焼きのつもりで食べたりした。

所感

昭和十八年五月二十一日夕のラジオで受けた衝動を、細々《こまごま》と書いてみる気持が今の私には起らない。そういう時ではない気がする。私は、山本元帥《げんすい》のことを、何も知らないけれど、今の国民が、元帥の哀悼《あいとう》に暮れたりしたら、誰よりも元帥から叱られるような気がする。元帥は、そういう人だという推定ぐらいはつく。

*

元帥は戦死したがために、映像が大きくなるような人ではなかった。元帥の大きな輪郭は、国民の誰もが知っていた。元帥は、自分の伝記の出版を承知されず、われわれは元帥の生い立《おた》ちも、人柄も、知識としては、材料をちっとも持っていないのに、元帥の輪郭が、ハッキリと映るのは不思議なほどである。東郷元帥とも違い、山本権兵衛大将とも違い、まったく新しい面貌《めんぼう》の巨像を、われわれは仰いでいた。

その癖、輪郭だけはわかっても、内容を摑み得《つかえ》た者が何人あろうか。例えば、元帥には非常に爽快なものと、また非常に凄味のあるものとが、二つ重なり合ってるように思われるが、それは悉く直覚であって、その二つがどういう風に結合され、どういう風に生かされてるか、われわれには想像も及ばない。

元帥には、長岡藩風に育てられた古武士の匂いも高かったであろう。しかし、現代の提督として、太陽の如く明るい新しい印象をも、われわれは懐《いだ》いている。新しい智慧《ちえ》と意志と勇気が無髯の無装飾な風貌のうちに、鬱勃《うつぼつ》としてるような感銘を得ている。この近代的な強さや鋭さも、元帥のちょっとした逸話などから、垣覗《かきのぞ》きをするのみで、全般を捉《とら》えるなどは想いも寄らない。

元帥を真に理解するのは長い時間と、多くの材料を要するであろう。急造の物指《ものさし》で元帥のような人を計ろうとしたら、失敗するにきまっている。少くとも、戦前と、緒戦《しょせん》と、戦死さるるまでの雄渾《ゆうこん》な作戦計画が（われわれは、単にそう想像するのみだが）具体的に明らかにされた時に、提督としてのみならず、元帥の人間にまで、われわれは触れ得るだろう。少しは、触れ得るだろう。東郷元帥も真に理解されるまで、日本海海戦後十年以上の歳月を要しはしなかったか。

国葬

日比谷公園の砂利原が、掃《は》き浄《きよ》めれば、こうまで掃き浄まるものとは知らなかった。祭舎の屋根も、柱も、幕も、簾《すだれ》も、簾紐も、房《ふさ》も、みな白い。淡雪《あわゆき》の朝のように白い。その中で、黄旛《こうばん》の黄は青を含んで、清冽《せいれつ》な小河の如く、ムッソリーニ首相の献げた花環の薔薇《ばら》は、朝日の匂いに似ている。

遠く太鼓と喇叭《ラッパ》の音。

総員起立。

もう柩車《きゅうしゃ》は、眼の前にきていた。アッという間もないほど、もう既に、黒塗りの砲と白布の函《はこ》が、眼に入った。非常に遅い歩みなのに、非常に速く感じられた。それは、何の物音もなかったからだ。柩車の軋《きし》みも、棺側者の足音も、一切なかった。これだけの大きな儀式が、かくも厳しい沈黙のうちに行われるのを、記者席の外国通信員達は首を捻《ひね》りはしなかったか。

そして、私達は少しも哀《かな》しくなかった。私は随所に嗚咽《おえつ》の声が起こるだろうことを想像したが、そんなものではなかった。泣いたりしては、汚《けが》れになるような空気だった。国家が行う葬送の儀は、あまりに意志や感情が大き過ぎて、一滴の涙もウソにしてしまう厳粛さだった。

勅使、宮殿下がたが御参拝なさって、静かに、もとの道をお帰りになる間の粛々《しゅくしゅく》たる絵――音なく、色なく、墨で描いた絵巻である。

十時五十分。眼鏡をかけた若い喪主《もしゅ》が、榊《さかき》を捧《ささ》げると共に、俄《にわ》かに、「命を捨てて」の軍楽、そして、腸《はらわた》に沁みる銃声三度――その時初めて、哀しみを許された。許されたという外はない。その音と響きを合図に、清浄な雪の原を、人間が歩き出してもいいような気がした。

私達の人情が湧き出す。山本元帥の壮烈絶倫の死を、徒《いたず》らに哀しむ時に非ずと考えても、今日一日だけは、天地を恨《うら》んで哭《な》き憤《いきどお》りたい。

解　説

半藤一利

1

わが書架に、昭和十八年十二月一日発行、新潮社刊の、美本とはいえない『海軍随筆』が、いつのころか収まっている。奥付には、定価一円七十銭であるが、それに特別行為税相当額四銭が加えられて、売価一円七十四銭とある。「特別行為税」なるものにもはじめてお目にかかるが、太平洋戦争下の、あの「欲しがりません、勝つまでは」のきびしかった世相を語っているようで、当時少国民であったわたくしにはなつかしくさえ読める。

作者は本書の「小説『海軍』を書いた動機」で、ある事実を明かにしている。

「ハワイとマレーの戦いは、故国空前の大難到るという意識と共に、僕の胸に劇薬で灼きついてしまった。僕は海軍に何のゆかりもない素人で、戦争のことは書けないにしても、自分の感激をそのままに放置し難かった。僕は『海軍』について、何かの小説を書こうと決心した」

つまり、昭和十六年十二月八日の真珠湾奇襲攻撃によってはじめられた太平洋戦争にはげしい衝撃をうけ、報道された特殊潜航艇乗組員の散華《さんげ》に心をゆさぶられ、さらに十二月十日のマレー沖海戦での英国東洋艦隊の撃滅の報に、居ても立ってもいられない思いを味わったのである。それまで岩田豊雄としても獅子文六としても、この作家は戦争に消極的な態度で終始して、決して時代に迎合するような作品は書こうとしていなかった。その人が獅子文六という売れっ子小説家のペン・ネームではなく、本名で『海軍』を書いた動機の深さがよくわかる。その姉妹篇として本書をまとめた。明治生まれの岩田は一夜にして祖国の勝利を祈る国民の一員に変貌したのである。こうして翌年二月ごろから文献にあたりはじめ、四月には広島県江田島の海軍兵学校へ調査旅行に出ている。こうして長編小説『海軍』が執筆され、七月から十二月まで朝日新聞に連載され、昭和十七年度の朝日文化賞を受賞する。

と、今更分かり切ったことを書くのは、そのころの国民的熱狂という事実を伝えたいと思うからである。開戦にたいして、日本人のほとんどが侵略戦争とか、こちらから好んで仕掛けた戦争とかの意識はもたなかった。包囲された状態で忍耐に忍耐を強いられ、もはやこれまでのぎりぎりのところで反撃せざるをえなかった自衛戦争としてうけとった。そのための戦争の悲惨や痛苦や悲哀を覚悟して、日本国民は等しく起ち上がったのである。

そして、獅子文六といえば、西欧芸術の教養に溢れ、シャレた味わいをもつ、ユーモアに満ちた作品をつぎつぎに発表する作家として定評があった。しかし、いまや戦士としての使命感をもってとり組んだ『海軍』には、およそそれらの要素はない。真面目にして実直そのもの。しかし、戦争下の読書界では、それが新生面とうけとられたのかもしれない。

『海軍』は、映画化もあってベストセラーとなる。

そうした海軍に理解のある、ある意味では海軍贔屓の作家の存在を海軍報道部が見逃しておくはずがない。それに昭和十二年の日中戦争勃発いらい、新聞社も雑誌社も先陣を切って文学者を「特派員」の肩書で戦地へ派遣した。まして昭和十七年から十八年といえば、すべての文学者が「常に国家の要請するところに従って、国策の周知徹底、宣伝普及に挺身し、以て国策の施行実践に協力することを目的とする」日本文学報国会に結集しているときである。岩田の人気の出た盛名を海軍も、そして新聞社も利用しようとしたことは、いわば当然のことであったであろう。岩田も応諾して戦場ではなく日本内地のあちらこちらへと飛び回ることになる。それも義務としてではなく、むしろ率先して、といってもい い。その成果がつまりは本書『海軍随筆』なのである。

そういえば海軍出身の作家の亡き豊田穣が本書について、「岩田さんは、海軍兵学校を取材し、海軍士官に会って話を聞く内に、海軍が好きになってきたらしい。好戦的に海軍を宣伝するのではなく、海軍の生徒や士官の人柄に触れて、海軍の家庭的な雰囲気、手柄を立てた筈の士官の飾らない淡々とした態度に好感を持ったらしい」と書いていた。わたくしもこの見方に同感である。作者は土浦の予科練、霞ケ浦の航空隊、海軍潜水学校など、どこへ行っても懇切に歴史を調査し、人々の話をよく聞き、思ったこと感じたことを声高でなく、静かすぎるくらい丁寧に語っている。それで思いもかけない結果として、小説『海軍』とともに本書『海軍随筆』は、風刺と諧謔とを特色とする作家獅子文六の、ひとに見せない律儀で真面目な一面を示す珍しい作品になった、といえるかもしれない。

けれども、このあと一年半以上つづく戦争中、この二冊のほかに岩田の創作活動を認めることはできなくなる。戦局の急速な悪化とともに、当局の強権は強まる一方となり、言論統制は激しくなり、そして弾圧が徹底的に加えられるようになる。インテリ岩田にはとうてい我慢のできず、第一線から逃避をはかるほかはなくなるのである。東京を去った岩田は隠遁者として、戦争の終結をひっそりと待った。ところが、戦争の終われば終わったで、『海軍』と本書が戦争協力の証拠とされて、岩田に追放という鉄槌が下される。決定ではなく「仮」ではあったが、岩田は思いもかけず時局便乗という情けないレッテルを貼られたことになる。同時に、敗戦後の日本人の薄情さ、卑劣さを、いやというほどに岩田は見せつけられることとなった。岩田は天をも怨む思いであったにちがいない。

「昨日まで、最も貴重視されたものが、最も軽蔑すべきものに、転落していく有様は、凄まじい見ものだった。そして、誰も、それを訝しまず、よい加減に、自分を順応させてく様は、もっと不思議な見ものだった」

戦後に書かれた小説『娘と私』のなかの一節である。

2

解説らしくなく、少々ややっこしく一席弁じすぎたようである。さりとて、本来の解説に戻って何かを語ろうとすると、何をいまさら、という気がしないでもない。たとえば、予科練イコール「七つボタンに桜に錨」となったのは、昭和十七年十一月一日の海軍服制の改正によってであった。それまではジョンベラすなわち水兵服であった。で、作者が昭和十八年春に探訪に出かけたときは、まさにホヤホヤの七つボタン。岩田は「二人は、第一種軍装をしていた。恐らく、この四月に入隊した甲種練習生とみえて、軍服の地も、金ボタンも、真新しかった」と書いているが、それはもう当たり前の話なんである。と説明したら、本書の読者には海軍好きが多いであろうから、そんなことどうには存じているよ、と一笑されるであろう。それを承知で以下に若干の講釈をさせてもらうことにする。

「若い海兵団」の章で、「その志願兵のうちで、満十四歳八カ月から水兵さんになれる、練習兵という制度のあることは、まるで、知らなかった」と書かれている。それは昭和十六年七月五日に海軍大臣の名のもと「官房機密第五九二一号」として発せられた法令によるもので、つぎの如し。「昭和十七年度に於て採用すべき海軍志願兵中、水兵〔掌機雷〈水中測的〉兵、掌電信兵志願者を除く〕、整備兵、機関兵、工作兵、看護兵及び主計兵は海軍志願兵令施行細則三十条第一号の規定に拘らず、十五年以上十六年未満の者より採用することを得。（以下略）」〔原文は片カナ〕。

同じ海兵団の章で「江田島や土浦航空隊で『五省』が行われてる」と書かれている「五省」〔兵学校生徒の五省〕であるが、これは「皇軍」がしきりに言われだし、陸海軍ともに精神主義的になった昭和七、八年ごろに作られたもので、実のところ当時からかなり評判の悪いものである。いまになると歴史的文献ともなろうから、参考までに記しておくことにする。

「一、至誠に悖《もと》るなかりしか。一、言行に愧づるなかりしか。一、気力に欠くるなかりしか。一、努力に恨みなかりしか。一、不精に亘るなかりしか」。

とても守る気になれないほど、ご立派な教えではないであろうか。

「海軍水雷学校」の章で、「参考室には、朱式だとか、保式だとか……」と書かれているのは、外国製の印なのである。それはあに魚雷ばかりではない。日本の艦船兵器は、たとえば、軍艦のジャイロコンパスは須式であり、機銃は毘式か保式であった。つまり須式とはスペリー、毘式とはビッカース、保式とはホチキス、恵式とはエリロンと、何もかもが外国技術のライセンスであったのである。岩田はそこまで知るすべもなかったが、アメリカの技術とアメリカの石油で、アメリカと戦っていたのが、太平洋戦争であったのである。

もう一つ、偉そうに一席やれば、海軍の学校である。本書では兵学校、予科練、土浦の航空隊、潜水学校、水雷学校、機関学校しか紹介されていないが、そのほか大学校（東京都品川区）、経理学校（東京都芝区）、砲術学校（横須賀市ならびに館山市）、通信学校（横須賀市）、軍医学校（東京都京橋区）などなどがある。それに本書に出てくる武山（横須賀市）のほかの海兵団となれば、浜名（静岡県）、大湊（青森県）、大竹（広島県）、安浦（広島県）、大坂、相浦（佐世保市）、針尾（長崎県）、舞鶴、平（舞鶴市）、鎮海（朝鮮）、高雄（台湾）にあったもの。もって戦前の日本帝国海軍は懸命に人材を養成していたことが知れようか。

そんな調べればわかることではなく、さらに歴史探偵を自称する身としては、思わず二ヤリとなる話を二つ三つ。それはいずれも「土浦・霞ケ浦」の章を読みながらぶつかった思い当たる人や、秘めたる記録についてである。

　まずマレー沖海戦で殊勲を立てた予備学生出身の人が出てくる。この人は、龍谷大学出身の帆足正音少尉のこと。かって取材してこの少尉のことを書いたことがあった。九七式陸上攻撃機の機長として、マレー半島沖で英艦隊のプリンス・オブ・ウェールズとレパルスの二戦艦を発見、その上に「機銃も、飛行服も、机も椅子も、重量になるものはすべて捨てろ」と部下に命じ、燃料ぎりぎりまで上空にとどまり撃沈を確認し、基地に戻ったときタンクには油が一滴もなかったという。惜しむらくは、その三ヶ月後の十七年三月に戦死した。

　同じく、「珊瑚海のあの悲壮な偵察機」とは、管野兼蔵飛行兵曹長が九七式艦上攻撃機のこと。この偵察機は敵発見の殊勲を立てた。その報告にもとづいて攻撃隊が進撃していくと、この艦攻が戻ってくるのに出会う。と、攻撃隊の前で反転し、何と先頭に立って味方の誘導をしていくではないか。ここで引き返すということは、もはや母艦に戻る燃料がないということになる。まさに戦死を覚悟の誘導であったのである。

　また、鹿児島県出身の「甲の四期で、内田昭二（仮名）」とあるのは、空母飛龍の乗組で、艦上攻撃機の操縦士の宮内政治二飛曹が搭乗している。山田貞次郎と宮川次宗で、真珠湾攻撃いらいのベテランばかりの組であった。そして「加来少将」とは飛龍艦長の加来止男大佐（戦死後少将）のことで、「東太平洋海戦」がミッドウェイ海戦のことであるのは書く

までもないであろうか、

最後に、佐賀県出身のM・T大尉とは他に該当者はいないから、松村平太さんのことと思われる。書かれているように、「小柄で、撫で肩で」「顔に花嫁の如き含羞」のある人であった。真珠湾攻撃へ出撃のその朝まで、風邪をひいたかのようにマスクをかけ、延ばしかけの髭を隠していた、という話を恥ずかしそうに語ってくれたのがいまも思い出せる。まだまだあるが、ページの関係もあり、残念ながら以下は略とする。

本書は一九六八年七月　朝日新聞社刊『獅子文六全集　第十六巻』を底本としました。

今日の人権意識に照らして、不適切な語句や表現がみられますが、時代的背景と作品の文化的価値とに鑑み、また著者他界により、そのままとしました。（編集部）

中公文庫

海軍《かいぐん》随筆《ずいひつ》

定価はカバーに表示してあります。

2003年7月15日　初版印刷
2003年7月25日　初版発行

著　者　獅子《しし》 文六《ぶんろく》

発行者　中村 仁

発行所　中央公論新社　〒104-8320 東京都中央区京橋 2-8-7

TEL 03-3563-1431(販売部)　03-3563-3692(編集部)　振替 00120-5-104508

Published by CHUOKORON-SHINSHA, INC.
URL http://www.chuko.co.jp/

本文・カバー印刷 三晃印刷　製本 小泉製本
ISBN4-12-204232-1　C1195　Printed in Japan
乱丁本・落丁本は小社販売部宛お送り下さい。送料小社負担にてお取り替えいたします。

中公文庫既刊より

し-31-3
海軍　獅子文六

断じて行えば鬼神も之を避く――。薩摩海軍縁の海岸で育んだ信念を胸に、海軍少佐として真珠湾攻撃に出撃する青年の純潔な魂を描く。

ISBN4-12 203874-X

あ-13-3
高松宮と海軍　阿川弘之

「高松宮日記」の発見から刊行までの劇的な経過を明かし、第一級資料のみが持つ迫力を伝える。時代と背景を解説する「海軍を語る」を併録。

ISBN4-12 203391-8

い-13-4
生きている兵隊　伏字復元版　石川達三

戦時の兵士のすがたと心理を生々しく描き、そのリアリティ故に伏字とされ発表された、戦争文学の傑作。伏字部分に傍線をつけた、完全復刻版。

ISBN4-12 203457-4

え-16-1
海軍予備学生　蝦《えび》名《な》賢造

大学を繰上げ卒業し参加した太平洋戦争はいかに無謀であったか、戦争に邁進する国家とは何であったか。海軍予備学生達の真実の叫び。〈解説〉森村誠一

ISBN4-12 203478-7

に-10-20
海戦（伏字復元版）　丹羽文雄

第八艦隊の旗艦「鳥海」に乗りこんで、第一次ソロモン海戦に参加した著者が戦争という「非日常」と戦闘員の「日常」を縦横に描破する。〈解説〉保阪正康

ISBN4-12 203698-4

は-54-1
北岸部隊　伏字復元版　林芙美子

私は兵隊が好きだ――。昭和十三年日中戦争の戦火に飛び込み、揚子江北岸部隊と漢口陥落に一番乗りした、従軍作家林芙美子の従軍日記。伏字復元版。

ISBN4-12 204059-0

や-46-1
海底戦記（伏字復元版）　山岡荘八

のちの文豪が報道班員として南洋トラック島を綿密に取材し、米空母レキシントンを撃沈した伊号潜水艦と乗組員の活躍を描く戦時下のベストセラー小説。

ISBN4-12 203699-2